Color Psychology &
Fashion Styling
Workbook

색채심리와
패션연출
워크북

색채심리와
패션연출
워크북

이경희, 제기연, 최정희 지음

Color Psychology &
Fashion Styling
Workbook

교문사

색은 우리 삶에 어떠한 영향을 미칠까?

우리가 살아가는 모든 공간은 색을 가지고 있다. 인간은 신생아 시절에 흑백으로 세상을 보는 것부터 시작하여 성장하면서 다양한 색을 인지하게 된다. 아침에 일어나 어떤 색의 옷을 입을 것인가하는 문제는 누구나 맞닥뜨리는 고민이다. 자기가 선택한 색은 그날의 감정, 기분 등에 영향을 받은 것이다. 이처럼 색채는 개인의 심리와 감정에 영향을 미친다. 따라서 개인의 색채 정보는 그 사람의 심리와 감정을 이해하는 데 도움을 준다. 특히, 패션은 자기의 감성적 특성을 잘 나타낼 수 있는 도구이기에 패션 색채는 개인의 심리적·감성적 특성을 가장 잘 표현하고 이해하는 중요한 도구라고 볼 수 있다.

이 책은 색채와 패션에 관심이 있는 사람들이 색에 대한 기초적인 개념과 색을 통한 심리, 정서적·시각적 특성을 이해하고 패션색채 활용과 패션연출 능력을 향상시킬 수 있도록 워크북 형태로 구성하였다.

'1장 색의 이해'에서는 색의 물리적·생리적·심리적인 특성과 색의 분류 및 3속성 등에 관한 내용을 다루고 있다. '2장 색채 이미지'에서는 색의 연상과 이미지, 패션 색채 이미지를 설명했으며 '3장 톤 이미지'에서는 톤 차트를 바탕으로 톤의 개념과 톤별 이미지에 대한 내용을 다루었다. '4장 심리구조와 색채의 시각적 감성'에서는 심리적 성격구조와 심리기제의 종류, 색채감성과 색채대비에 대해 다루었다. '5장 색채심리'에서는 색을 통한 성격, 패션연출, 치료에 관한 내용을 설명하였다. '6장 색채 배색'에서는 패션에서 연출되는 다양한 컬러 코디네이션 방법에 대해 다루었다. '7장 컬러 이미지 스케일'에서는 컬러의 이미지 스케일에 관해 설명하였으며 '8장 퍼스널 컬러'에서는 3 베이스 컬러 시스템과 시즌 컬러 시스템을 바탕으로 자신의 퍼스널 컬러 타입을 찾아보고 적용할 수 있도록 하였다. '9장 패션 컬러 트렌드'에서는 시즌에 맞는 컬러 트렌드를 알아보는 내용을 다루었으며, '10장 패션 색채 계획'에서는 패션 색채를 계획함으로써 자신의 미래를 구상하도록 하였다. 각 장의 이론 뒤에는 색채를 통한 자기 진단, 색채 지식의 적용, 셀프 컬러 코디네이션 등 다양한 활동을 수록하여 창의적인 표현력을 기르는 데 도움을 주었다. 또 활동마다 설명(Description), 통찰(Reflection), 피드백(Feedback)을 구체적으로 작성해보게 함으로써 학생들로 하여금 습득한 지식이 어떻게 표현되었는지 확인하게 하고, 이를 통해 학생들이 자신의 내적·외적 변화와 성장을 알아가는 데 도움을 주고자 하였다.

모쪼록 이 책이 색채 및 패션 분야 학습의 기초 자료로 활용되고, 가르치는 사람이나 배우는 사람 모두가 색을 통해 자기 발견의 즐거움을 얻는 데 도움이 되기를 바란다. 또 책을 만들면서 제기연·최정희 선생과 함께 열정과 사랑을 품고 새로운 길을 걸을 수 있어 기뻤다. 끝으로 집필하는 동안 도움을 주신 모든 분께 감사의 뜻을 표하며, 독자 여러분의 많은 조언과 관심을 부탁드린다. 또 교문사 류제동 사장님을 비롯한 편집부 직원 여러분께도 감사의 마음을 전한다.

2016년 8월
대표 저자 이경희

차 례

CHAPTER

1

색의 이해

색의 특성

색의 물리적 특성

    색은 빛의 스펙트럼 현상에 의해 인지되는 시감각의 지각현상으로 물체가 빛을 받아 흡수하고 반사되는 과정에서 생성된 빛이 인간의 눈과 뇌의 시신경에 인지되는 것이다. 색은 빛의 특성으로 나타나며 주변 환경의 영향을 받는다.

    빛은 물리적 에너지를 가지며 빛의 파장은 감마선, X선, 자외선, 가시광선, 적외선 초단파, 라디오파 등으로 나타나는데 이 중에서 사람이 눈으로 지각할 수 있는 빛의 파장 범위를 가시광선이라 하고 그 영역은 380~780nm로 장파장, 중파장, 단파장으로 나누어진다. 스펙트럼은 프리즘을 통해 장파장부터 단파장까지 빨강, 주황, 노랑, 초록, 파랑, 남색, 보라의 분광된 색띠로 나타나는데 이러한 현상은 1666년에 물리학자 뉴턴에 의해 처음 발견되었다.

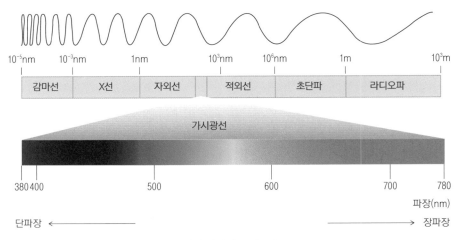

빛의 파장과 스펙트럼

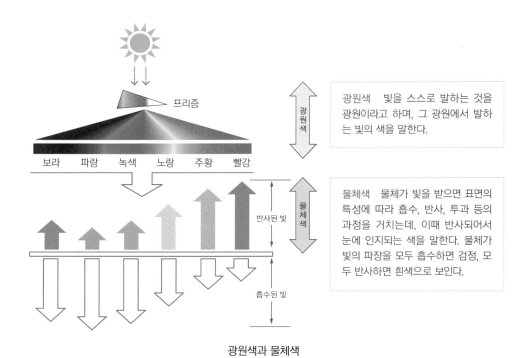

광원색과 물체색

색의 생리적 특성

- 물체에 반사되는 파장이 사람의 시감각을 통해 들어와 시신경을 거쳐 뇌에 전달되어 자극되는 신체적 반응이다.
- 사람의 동공을 통해 들어온 빛으로 인해 망막에 상이 맺히고 이 상은 시세포를 거쳐 사람이 사용할 수 있는 신호로 뇌에 전달된다.
  - 망막은 안구의 가장 안쪽의 시신경인 간상체와 추상체가 분포되어 있는 곳으로 카메라의 필름에 해당하며 시각색소라는 물질이 있어 빛 정보를 생체에 사용할 수 있는 신호로 변환해준다.
  - 간상체는 어두운 곳에서 작용하며 명암 및 움직임에 관여하고 푸른빛에 가까운 500nm의 파장에 민감한 반응을 보이며 초저녁에 활성화가 이루어진다. 추상체는 색을 감지하는 역할을 하는 곳으로 노란빛에 가까운 560nm의 파장에 반응을 보인다.

색의 심리적 특성

사람의 뇌에 전달된 색은 사람의 환경, 경험, 감정, 인상 등을 통해 심리적 반응을 일으키는데 같은 색을 인지하더라도 사람에 따라 다르게 반응할 수도 있다. 사람은 사회적·환경적 동물이기에 오랫동안 학습하고 기억한 색에 대해서는 공통된 느낌을 받게 된다. 하지만 개인이 생활하면서 생각하고 느끼는 색의 감정과 나타나는 행동은 지극히 개인적인 것이다.

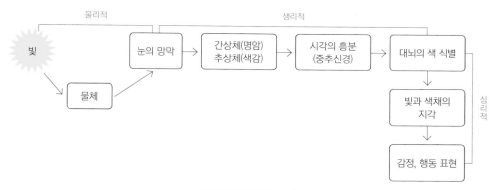

색의 시각적 전달 과정

3원색과 색의 혼합

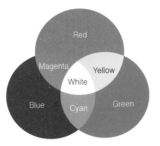

빛의 3원색(가법혼합)

빛의 3원색은 빨강(Red), 초록(Green), 파랑(Blue)으로 3가지 색을 합하면 밝아지며 흰색으로 나타나는데 이를 가법혼합이라고 한다.
- 빨강 + 초록 = 노랑(Yellow)
- 빨강 + 파랑 = 마젠타(Magenta)
- 초록 + 파랑 = 시안(Cyan)
- 3원색의 혼합: 빨강 + 초록 + 파랑 = 흰색

색료의 3원색(감법혼합)

색료의 3원색은 마젠타(Magenta), 노랑(Yellow), 시안(Cyan)으로 3가지 색을 합하면 검정과 같이 어두워지는데 이를 감법혼합이라고 한다.
- 마젠타 + 노랑 = 빨강(Red)
- 마젠타 + 시안 = 파랑(Blue)
- 노랑 + 시안 = 초록(Green)
- 3원색의 혼합: 마젠타 + 노랑 + 시안 = 검정

색의 분류와 3속성

색의 분류

색은 크게 유채색과 무채색으로 구분된다. 유채색은 무채색을 제외한 모든 색을 말하며 무채색은 흰색, 검정, 회색으로 밝고 어두운 명암 단계만 표현할 수 있다.

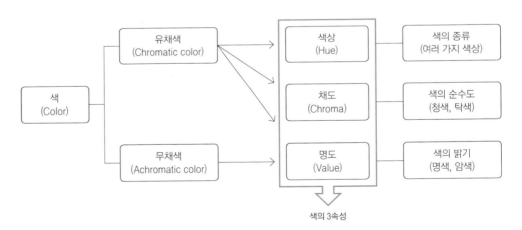

색의 시각적 전달 과정

색의 3속성

색을 지각하는 구성 요소로는 색상(Hue), 명도(Value), 채도(Chroma)가 있다.

색상

다른 색과 구별되는 한 색이 가지고 있는 독특한 성질을 말하며 빨강, 주황, 노랑, 초록, 파랑 등과 같이 색을 구별하기 위한 색의 명칭이고 유채색에만 존재한다.

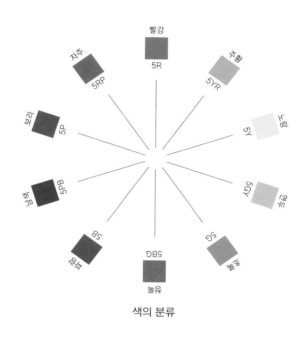

색의 분류

명도

색의 밝고 어두움을 나타내는 정도를 말하며 유채색과 무채색에 모두 존재한다. 흰색에 가까울수록 명도가 높고, 검정에 가까울수록 명도가 낮다.

채도

색의 맑고 탁함을 나타내는 정도로 유채색에만 존재한다. 색상에서 채도가 가장 높은 색을 순색이라 하며 무채색을 더할수록 채도는 낮아진다.

먼셀 색 체계(미국)

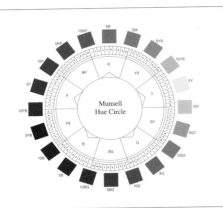

- 색채학자 먼셀(1905)
- 색상: 기준색 (빨강, 노랑, 초록, 파랑, 보라)의 5~10~20… 100색상
- 명도(Value): 0~10까지 11단계
- 채도(Chroma): 1~14까지 14단계
- 표기법: HV/C
- 색입체: 컬러 트리(Color tree)

한국공업규격 KS(한국)

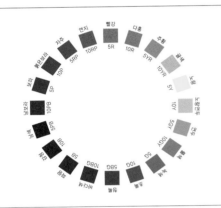

- 한국공업규격(1964)
- 색상(Hue): 먼셀의 10색상 기준색(빨강, 주황, 노랑, 연두, 녹색, 청록, 파랑, 남색, 보라, 자주)의 10~20개 색상
- 명도(Value)와 채도(Chroma): 먼셀과 같이 사용
- 톤(Tone): 11~12가지

오스트발트 색 체계(독일)

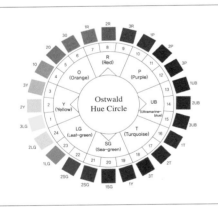

- 화학자 오트스발트(1917)
- 색상(Hue): 기준색(노랑, 남색, 빨강, 초록)의 4~8~24색상
- 명도(Value): 8단계
- 표기법: 색상(C) + 흰색(W) + 검정(B) = 100인 혼합비
- 색입체: 등색상 삼각형의 복원추체

PCCS(일본)

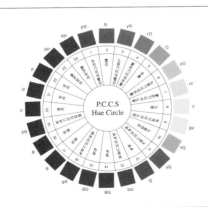

- 일본색채연구소(1964)가 만든 실용 배색 체계
- 색상(Hue): 기준색(빨강, 노랑, 초록, 파랑)의 4~8~12~24색상
- 명도(L, Lightness): 17단계
- 채도(S, Saturation): 10등분
- 톤(Tone): 12가지
- 색입체: 무채색을 중심축으로 하여 360도로 색상을 배열

한국산업표준 색이름

한국산업표준 색이름(KS A 0011, 2015년 개정)은 산업통상자원부 국가기술표준원에서 1964년에 제정하고 2015년에 색채전문위원회의 원안을 문화 기술심의회의 심의를 거쳐 최종적으로 개정되었다. 색이름은 기본 색이름, 계통 색이름, 관용 색이름으로 분류된다.

기본 색이름

기본 색이름은 먼셀의 10 색상환을 바탕으로 2015년에 개정되었다. 유채색 12색(빨강, 주황, 노랑, 연두, 초록, 청록, 파랑, 남색, 보라, 자주, 분홍, 갈색)과 무채색 3색(하양, 회색, 검정)의 총 15색을 기본 색이름으로 표기하였다.

계통 색이름

계통 색이름은 기본 색이름 앞에 수식형을 붙여 보다 정확한 색채의 톤을 서술할 때 쓰인다. 조합하는 색이름 앞에 붙이는 색이름을 '색이름 수식형', 뒤에 붙이는 색이름을 '기준 색이름'이라고 한다.

관용 색이름

관용 색이름은 예부터 내려오는 고대 색이름이나 현대 색이름, 관용적으로 사용되는 색이름으로 동물, 광물, 식물, 인명, 지명 등에 사용된다. 2015년에 최종 개정된 한국표준 KS A 0011에는 총 135색이 정의되어 있는데, 이는 사용 빈도가 높고 우리나라 정서에 맞는 색을 선택한 것이다.

컬러칩									
먼셀기호 (H V/C)	5R 5/12	2.5YR 6/12	2.5Y 8/14	7.5Y8.5/12	5GY 7/10	5G 5/8	7.5B 6/10	5P 8/4	7.5RP 5/14
계통 색명	밝은 빨강	주황	진한 노랑	노랑	연두	밝은 초록	밝은 파랑	연한 보라	밝은 자주
관용 색명	연지색	당근색	해바라기색	레몬색	청포도색	에메랄드 그린	시안	라일락색	꽃분홍

색채 관련 자격증

- 컬러리스트기사, 산업기사(국가공인자격): 한국산업인력공단에서 시행하고 있다. 색채에 관한 이론과 실무능력을 가지고 조사, 분석, 계획, 디자인, 관리 등의 기술업무를 수행할 수 있는 능력 색채업무를 종합적으로 계획, 실행, 검증하는 능력 유무를 검증한다.
- 퍼스널컬러 자격증(국제공인, 국내민간자격): 국제공인자격증으로 일본의 비영리단체인 NPO에서 발행하는 퍼스널 컬러 컨설턴트 자격증이다. 국내에서는 민간자격증으로 서비스강사 교육을 받고 이미지 메이킹 수업을 들으며 취득하게 된다.
- 색채심리상담사(민간자격): 한국색채심리치료협회에서 시행하고 있다.
- 색채심리치료사(민간자격): 한국색채치료협회에서 시행하고 있다.

(계속)

한국산업표준 색이름표

색	먼셀기호(H V/C)	계통 색이름	관용 색이름	색	먼셀기호(H V/C)	계통 색이름	관용 색이름
	2.5R 9/2	흰분홍	벚꽃색		7.5Y 8.5/12	노랑	레몬색
	2.5R 8/6	연한 분홍(연분홍)	카네이션핑크		7.5Y 4/6	녹갈색	참다래색
	2.5R 3/10	진한 빨강(진빨강)	루비색(크림슨)		10Y 6/10	진한 노란 연두	황녹색
	5R 8/4	흐린 분홍	베이비핑크		10Y 4/6	녹갈색	올리브색
	5R 5/14	밝은 빨강	홍색		2.5GY 3/4	어두운 녹갈색	국방색
	5R 5/12	밝은 빨강	연지색		5GY 7/10	연두	청포도색
	5R 4/14	선명한 빨강	딸기색		5GY 5/8	진한 연두	풀색
	5R 4/12	빨강	카민		5GY 4/4	탁한 녹갈색	쑥색
	5R 3/10	진한 빨강(진빨강)	장미색(자두색)		5GY 3/4	어두운 녹갈색	올리브그린
	5R 3/6	탁한 빨강	팥색		7.5GY 7/10	연두	연두색
	5R 2/8	진한 빨강(진빨강)	와인레드		7.5GY 5/8	진한 연두	잔디색
	7.5R 8/6	연한 분홍(연분홍)	복숭아색		7.5GY 4/6	탁한 초록	대나무색
	7.5R 7/8	분홍	산호색		10GY 8/6	연한 녹연두	멜론색
	7.5R 5/16	밝은 빨강	선홍		2.5G 9/2	흰 초록	백옥색
	7.5R 5/14	밝은 빨강	다홍		2.5G 4/10	초록	초록
	7.5R 4/14	빨강	빨강		5G 5/8	밝은 초록	에메랄드그린
	7.5R 4/12	빨강	토마토색		7.5G 8/6	흐린 초록	옥색
	7.5R 3/12	진한 빨강(진빨강)	사과색(진홍)		7.5G 3/8	초록	수박색
	7.5R 3/10	진한 빨강(진빨강)	석류색		10G 3/8	초록	상록수색
	7.5R 3/8	진한 빨강(진빨강)	홍차색		7.5BG 3/8	청록	피콕그린
	10R 7/8	노란 분홍	새먼핑크		10BG 3/8	청록	청록
	10R 5/16	선명한 빨간 주황	주색		5B 7/6	연한 파랑(연파랑)	물색
	10R 5/14	빨간 주황	주홍		7.5B 7/8	연한 파랑(연파랑)	하늘색
	10R 3/10	빨간 갈색(적갈색)	적갈(대추색)		7.5B 6/10	밝은 파랑	시안
	10R 3/6	탁한 적갈색	벽돌색		7.5B 4/10	파랑	세룰리안블루
	2.5YR 6/14	주황	주황		10B 8/6	연한 파랑(연파랑)	파스텔블루
	2.5YR 6/12	주황	당근색		10B 8/4	흐린 파랑	파우더블루
	2.5YR 5/14	진한 주황(진주황)	감색[과일]		10B 8/2	밝은 회청색	스카이그레이
	2.5YR 5/12	진한 주황(진주황)	적황		10B 4/8	파랑	바다색
	2.5YR 4/8	갈색	구리색		2.5PB 9/2	흰 파랑	박하색
	2.5YR 3/4	탁한 갈색	코코아색		2.5PB 4/10	파랑	파랑
	2.5YR 2/4	어두운 갈색	고동색		2.5PB 2/6	진한 파랑(진파랑)	프러시안블루
	5YR 8/8	연한 노란 분홍	살구색		2.5PB 2/4	어두운 파랑	인디고블루
	5YR 4/8	갈색	갈색		5PB 6/2	회청색	비둘기색
	5YR 3/6	진한 갈색	밤색		5PB 3/10	파랑	코발트블루
	5YR 2/2	흑갈색	초콜릿색		5PB 3/6	탁한 파랑	사파이어색
	7.5YR 8/4	흐린 노란 주황	계란색		5PB 2/8	남색	남청
	7.5YR 7/14	노란 주황	귤색		5PB 2/4	어두운 남색	감(紺)색
	7.5YR 6/10	진한 노란 주황	호박색[광물]		7.5PB 7/6	연한 보라(연보라)	라벤더색
	7.5YR 6/6	탁한 노란 주황	가죽색		7.5PB 2/8	남색	군청
	7.5YR 5/8	밝은 갈색	캐러멜색		7.5PB 2/6	남색	남색
	7.5YR 3/4	탁한 갈색	커피색		10PB 2/6	남색	남보라
	7.5YR 2/2	흑갈색	흑갈		5P 8/4	연한 보라(연보라)	라일락색
	10YR 9/1	분홍빛 하양	진주색		5P 3/10	보라	보라
	10YR 7/14	노란 주황	호박색[채소]		5P 3/6	탁한 보라	포도색
	10YR 6/10	밝은 황갈색	황토색		5P 2/8	진한 보라(진보라)	진보라
	10YR 5/10	노란 갈색(황갈색)	황갈		5RP 5/14	밝은 자주	마젠타
	10YR 5/6	탁한 황갈색	호두색		7.5RP 5/14	밝은 자주	꽃분홍
	10YR 4/4	탁한 갈색	점토색		7.5RP 5/12	밝은 자주	진달래색
	10YR 2/2	흑갈색	세피아		7.5RP 3/10	자주	자주
	2.5Y 8.5/4	흐린 노랑	베이지		10RP 8/6	연한 분홍(연분홍)	연분홍
	2.5Y 8/14	진한 노랑(진노랑)	해바라기색		10RP 7/8	분홍	분홍(로즈핑크)
	2.5Y 8/12	진한 노랑(진노랑)	노른자색		10RP 2/8	진한 적자색	포도주색
	2.5Y 7/6	연한 황갈색	금발색		N9.5	하양	하양(흰색)
	2.5Y 7/2	회황색	모래색		N9.25	하양	흰눈색
	2.5Y 5/4	탁한 황갈색	카키색		N8.5	밝은 회색	은회색
	2.5Y 4/4	탁한 갈색	청동색		N6	회색	시멘트색
	2.5Y 3/4	어두운 갈색	모카색		N5	회색	회색
	5Y 9/4	흐린 노랑	크림색		N4.25	어두운 회색	쥐색
	5Y 9/2	흰 노랑	연미색(상아색)		N2	검정	목탄색
	5Y 9/1	노란 하양	우유색		N1.25	검정	먹색
	5Y 8.5/14	노랑	노랑(개나리색)		N0.5	검정	검정(검은색)
	5Y 8.5/10	노랑	병아리색				금색
	5Y 8/12	노랑	바나나색				은색
	5Y 7/10	밝은 황갈색	겨자색				

Activity
1

Activity 1-1
마음속에 떠오르는 3가지 색으로 자기를 표현해보자.

- 눈을 감고 명상을 통해 마음속에 떠오르는 3가지 색을 선택하여 자유롭게 표현한다. 컬러칩(color chip)을 붙이고 색 기호, 계통 색명, 관용 색명을 기록한다.
- 표현한 색 그림을 구체적으로 설명하고 통찰을 통해 느낌(감정, 감각, 기억)과 생각(의미)을 적는다.
- 팀원들과의 피드백을 통해 색에 대한 서로의 느낌과 생각을 나눈다.
▷ 재료: 색연필, 크레파스, 색지, 가위, 풀

Activity 1-2
컬러칩을 사용하여 색상환을 만들어보자.

- 제시된 색상환 위에 같은 색의 컬러칩을 오려 붙인다.
- 컬러칩을 붙일 때 색상 간의 거리에 주목하고 동계색, 인접색, 반대색을 살펴본다.
▷ 재료: 색지, 가위, 풀

Activity 1-3
3가지 색으로 셀프 컬러 코디네이션을 해보자.

- Activity 1-1에서 선택한 3가지 색을 중심으로 패션 잡지에서 사진을 찾아 셀프 컬러 코디네이션을 하고 사용된 아이템마다 디자이너와 브랜드 이름을 적는다. 컬러칩을 붙이고 색 기호, 계통 색명, 관용 색명을 기록한다.
- 셀프 컬러 코디네이션을 구체적으로 설명하고 통찰을 통해 느낌(감정, 감각, 기억)과 생각(의미)을 적는다.
- 팀원들과의 피드백을 통해 서로의 느낌과 생각을 나눈다.
▷ 재료: 패션 잡지, 색지, 가위, 풀

Activity 1-1 마음속에 떠오르는 3가지 색으로 자기를 표현해보자.

컬러칩										
색 기호										
계통 색명										
관용 색명										
설명(Description)										
통찰(Reflection)										
피드백(Feedback)										

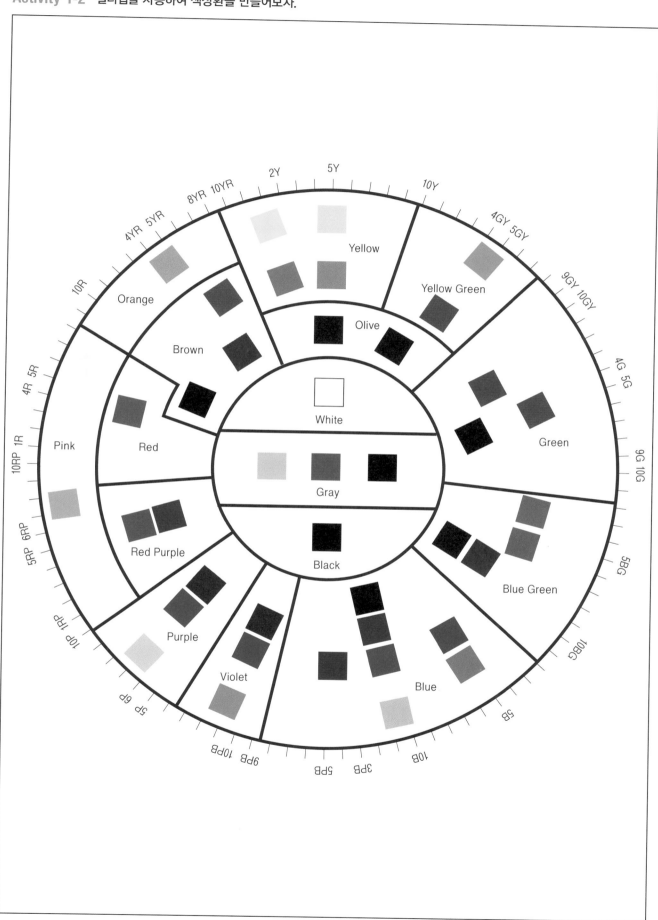

Activity 1-3 3가지 색으로 셀프 컬러 코디네이션을 해보자.

컬러칩										
색 기호										
계통 색명										
관용 색명										
설명(Description)										
통찰(Reflection)										
피드백(Feedback)										

CHAPTER

2

색채 이미지

빨강

- 빨강(Red)은 불, 피, 태양, 사과, 장미, 딸기 등을 연상시키는 따뜻함을 대표하는 색으로 정열, 강한 열, 활동, 긴장 등의 긍정적 이미지와 분노, 공격 등의 부정적 이미지를 갖는다. 주목성이 높은 색으로 위험이나 주의를 집중시키는 곳에 활용된다.
- 활동성과 기능성이 있는 스포츠웨어에 많이 활용되며, 정열적이고 섹시하며 화려한 여성 이미지를 표현하는 데 효과적이다. 정열적인, 역동적인, 진취적인, 섹시한 등의 패션 색채 이미지를 가진다. 빨강에 흰색을 혼합한 분홍은 부드러운 여성스러움을 대표하는 색으로 패션에서 로맨틱한 여성 이미지를 연출하는 데 효과적이며 사랑스러운, 귀여운, 로맨틱한 등의 패션 색채 이미지를 가진다.

© FashionStock.com/Shutterstock.com

주황

- 주황(Orange)은 귤, 오렌지, 감, 노을, 가을, 당근 등을 연상시키고 다양한 과일에 많이 나타나는 색으로 식욕을 자극하며 활력, 풍부, 유쾌한, 따뜻한, 우정 등의 긍정적 이미지를 가진다.
- 패션에서 주황은 빨강보다는 약하지만 따뜻하고 활기찬 이미지를 주어 캐주얼웨어에 많이 활용되며 대담하고 개방적인 도시적 화려한 개성을 표현할 때도 효과적으로 사용된다. 활발한, 개성 있는, 화사한 등의 패션 색채 이미지를 가진다.

© FashionStock.com/Shutterstock.com

노랑

- 노랑(Yellow)은 레몬, 유채꽃, 바나나, 개나리, 병아리 등을 연상시키며 명랑, 안전, 발랄, 호기심, 행복, 약한, 경고, 주의 등의 이미지를 가진다. 명시성이 높은 색으로 주의나 경고를 알리는 표지판에 많이 활용된다.
- 패션에서 노랑은 천진하고 밝은 아이들의 아동복이나 가볍고 경쾌한 캐주얼웨어에 많이 활용되며 귀엽고 발랄한 이미지 패션 연출에 효과적이다. 노랑 계열인 골드는 우아하고 귀족적인 이미지를 주는 색으로 화려함이나 고급스러움을 표현할 때 효과적이다. 귀여운, 생기발랄한, 고급스러운(골드) 등의 패션 색채 이미지를 가진다.

© Nata Sha/Shutterstock.com

초록

- 초록(Green)은 자연을 상징하는 대표적인 색으로 잎, 숲, 초원, 잔디, 산, 수박 등을 연상시키며 휴식, 평화, 신선, 안정, 지성, 성실, 침착, 염원 등의 이미지를 가진다. 친환경적인 색으로 자연주의를 추구하는 기업의 광고나 제품에 활용되며 비상구나 신호등과 같이 안전 관련 시설에 사용되는 색이다.
- 패션에서 초록은 자연친화적인 색으로 자연적인 이미지를 표현할 때 효과적으로 사용되지만 다른 색과 코디네이션하기는 다소 어려워 단색으로 많이 활용된다. 연두나 밝은

© Nata Sha/Shutterstock.com

초록은 보통 밝고 산뜻한 이미지의 봄을 시작하는 패션 컬러로 많이 활용되며, 짙은 초록은 보수적인 이미지를 표현할 때, 중간의 올리브 계열은 편안한 에콜로지 이미지를 연출하고자 할 때 효과적이다. 자연적인, 편안한, 내추럴한, 보수적인 등의 패션 색채 이미지를 가진다.

청록

- 청록(Blue green)은 심해, 보석, 찬바람 등을 연상시키고 파랑과 초록의 성질을 띠며 깊은, 이지, 차가움, 외로움, 비방 등의 이미지를 가진다.
- 패션에서 흔하게 사용되는 색은 아니지만 신선한 이미지와 파랑과 같이 젊음을 나타내는 색으로 푸른빛이 감도는 초록색의 시원함이 있어 여름 패션이나 이국적인 이미지를 표현할 때 많이 활용된다. 짙은 청록색은 이지적이고 차분한 이미지를 연출하기에 효과적이며 신선한, 이지적인, 차분한, 젊은 등의 패션 색채 이미지를 가진다.

파랑

- 파랑(Blue)은 바다, 하늘, 물 등을 연상시키는 색으로 밝고 선명한 파랑은 시원, 고요, 신비, 영원의 이미지를 가지며 차가운 짙은 파랑은 정숙, 냉정, 우울, 고독의 부정적 이미지를 가지고 있다.
- 사람들에게 선호되는 젊음을 대표하는 색으로 스포츠웨어, 캐주얼웨어나 비즈니스웨어 등에 많이 활용된다. 밝은 파랑은 시원하고 깔끔한 이미지를 연출하고자 할 때 효과적이고, 어두운 파랑은 단정하고 신뢰감을 주는 이미지를 연출하고자 할 때 적합하며 젊은, 지적인, 차가운, 신뢰감 있는 등의 패션 색채 이미지를 가진다.

보라

- 보라(Purple)는 수국, 포도, 라벤더, 자수정 등을 연상시키는 색으로 다양한 색 중에서도 귀족적이고 고귀한 색이다. 신비, 우아, 화려, 고귀 등의 긍정적 이미지를 가지는 반면 슬픔, 불안, 외로움의 부정적 이미지도 가진다.
- 우아한 여성 이미지를 나타내는 대표적인 색으로 성숙하고 고귀한 여성미를 표현하는 데 가장 효과적이다. 엘리건트한 이미지의 드레스나 여성 정장에 많이 활용되고 우아한, 위엄 있는, 귀족적인 등의 패션 색채 이미지를 가진다. 빨강의 정열과 보라의 고귀함이 혼합된 자주는 부귀와 기품을 나타내는 색으로 화려하고 고저스(Gorgeous)한 여성 이미지를 연출하는 데 효과적이다.

마젠타

- 마젠타(Magenta)는 진달래꽃, 백일초, 루비 등의 꽃과 보석을 연상시키며 고상하고 신비로운 색으로 사랑, 애정, 헌신, 온화, 따뜻함 등의 이미지를 가진다.
- 패션에서 마젠타는 따뜻하고 상냥한 색으로 부드러움과 사랑스러운 여성의 이미지를

연출하는 데 효과적이다. 짙은 마젠타는 성적 매력을 어필하는 관능적인 여성 이미지를 표현하기에 좋다. 온화한, 관능적인, 매력적인 등의 패션 색채 이미지를 가진다.

© Nata Sha/Shutterstock.com

갈색

- 갈색(Brown)은 자연의 색으로 풍성한 가을을 대표한다. 흙, 대지, 나무, 곡식, 낙엽 등을 연상시키며 소박, 수수, 침착, 안정, 검소 등의 이미지를 가진다.
- 패션에서 갈색은 베이지, 오크 등의 다양한 범위로 활용되면서 보수적이고 수수한 클래식 이미지의 남성복과 여성복에 많이 활용된다. 가방, 구두 등 가죽제품의 액세서리에도 상용되는 대표색으로 전통적인, 중후한, 자연적인 패션 색채 이미지를 가진다.

© Nata Sha/Shutterstock.com

흰색

- 흰색(White)은 눈, 설탕, 웨딩드레스, 병원 등을 연상시키며 결백, 순결, 순수, 신성, 청결의 이미지를 가진다.
- 패션에서 흰색은 순결과 환상적인 이미지가 있어 신부의 웨딩드레스에 가장 많이 활용

된다. 또 심플하면서도 깔끔한 이미지의 셔츠나 블라우스 아이템에 사용되거나 검정과
함께 모던한 포멀웨어에 많이 활용된다. 깔끔한, 순수한, 환상적인, 로맨틱한 패션 색채
이미지를 가진다.

회색

- 회색(Gray)은 구름, 쥐, 재 등을 연상시키며 흰색과 검정이 혼합된 색으로 어두워질수록
  부정적 이미지가 강하고 중립, 겸손, 평범, 무기력, 적막, 우울 등의 이미지를 표현한다.
- 패션에서 회색은 색 기미가 없는 무난한 색으로 어떠한 색과도 연출하기 쉬워 밝은 회색
  부터 어두운 회색까지 다양하게 활용된다. 도시적인 삭막함과 우울의 색채 이미지는 패
  션에서 지성미를 지닌 세련된 도시적 이미지로 긍정적으로 나타나며 보수적이고 트레디
  셔널한 슈트에 가장 많이 활용된다. 회색 계열의 실버는 광택이 있는 색으로 모던한 액
  세서리로 많이 활용되며 기계적이고 하이테크적인 미래 이미지 연출에 효과적이다. 도회
  적인, 무난한, 포멀한, 미래적인 패션 색채 이미지를 가진다.

검정

- 검정(Black)은 밤, 흑장미, 상복, 숯 등을 연상시키며 어두움, 공포, 죽음, 불안, 허무, 절망 등의 부정적인 이미지가 강하다.
- 패션에서 검정은 색 자체의 부정적 이미지와 달리 가장 세련된 색으로 여겨져 모던한 패션 이미지 연출에 효과적으로 쓰인다. 수축되어 보이는 특성이 있어 미니멀하고 섹시한 여성복에 많이 사용된다. 또 무겁고 엄숙하며 권위적인 이미지를 연출하거나 펑크 패션과 같이 반항적인 남성적 이미지를 표현할 때도 효과적이며 모던한, 권위적인, 세련된 등의 패션 색채 이미지를 가진다.

색의 연상과 이미지　색의 연상은 사람의 지각에 의해 색과 관계 있는 사물이나 경험 등을 떠올리는 것으로 이러한 연상은 많은 사람에게 공통으로 작용하는 고유한 색채 이미지로 기억된다.

패션 색채 이미지　색은 패션 이미지를 표현하는 데 시각적으로 중요한 역할을 한다. 색채가 가지는 고유한 이미지는 패션과 결합하여 패션 색채 이미지를 형성한다.

색에서 연상되는 이미지와 패션 색채 이미지

색	연상	색채 이미지	패션 색채 이미지
빨강	불, 피, 태양, 사과, 장미, 딸기	정열, 강한 열, 활동, 긴장, 분노, 공격	정열적인, 역동적인, 진취적인, 섹시한
주황	귤, 오렌지, 감, 노을, 가을, 당근	활력, 풍부, 유쾌한, 따뜻한, 우정	활발한, 개성 있는, 화사한
노랑	레몬, 유채꽃, 바나나, 개나리, 병아리	명랑, 안전, 발랄, 호기심, 행복, 약한, 경고, 주의	귀여운, 생기발랄한, 고급스러운(골드)
초록	잎, 숲, 초원, 잔디, 산, 수박	휴식, 평화, 신선, 안정, 지성, 성실, 침착, 염원	자연적인, 편안한, 내추럴한, 보수적인
청록	심해, 보석, 찬바람	깊은, 이지, 차가움, 외로움, 비방	신선한, 이지적인, 차분한, 젊은
파랑	바다, 하늘, 물	시원, 고요, 신비, 영원, 정숙, 냉정, 고독	젊은, 지적인, 차가운, 신뢰감 있는
보라	수국, 포도, 라벤더, 자수정	신비, 우아, 화려, 고귀, 슬픔, 불안, 외로움	우아한, 위엄 있는, 귀족적인
마젠타	진달래꽃, 백일초, 루비	사랑, 애정, 헌신, 온화, 따뜻함	온화한, 관능적인, 매력적인
갈색	흙, 대지, 나무, 곡식, 낙엽	소박, 수수, 침착, 안정, 검소	전통적인, 중후한, 자연적인
흰색	눈, 설탕, 웨딩드레스, 병원	결백, 순결, 순수, 신성, 청결	깔끔한, 순수한, 환상적인, 로맨틱한
회색	구름, 쥐, 재	중립, 겸손, 평범, 무기력, 적막, 우울	도회적인, 무난한, 포멀한, 미래적인
검정	밤, 흑장미, 상복, 숯	어두움, 공포, 죽음, 불안, 허무, 절망	모던한, 권위적인, 세련된

Activity

2

Activity 2-1
마음속에 떠오르는 감정을 색으로 표현해보자.

- 눈을 감고 명상을 통해 마음속에 떠오르는 감정들을 느껴본다. 색 그림으로 자유롭게 표현한다. 컬러칩을 붙이고 색 기호, 계통 색명, 관용 색명을 기록한다.
- 표현한 색 그림을 구체적으로 설명하고 통찰을 통해 느낌(감정, 감각, 기억)과 생각(의미)을 적는다.
- 팀원들과의 피드백을 통해 서로의 느낌과 생각을 나눈다.

▷ 재료: 컬러링 도구, 색지, 가위, 풀

Activity 2-2
색채 사진을 보고 색채 이미지를 선택해보자.

- 색채 사진을 보고 즉각적인 느낌에 해당하는 색채 이미지 어휘를 선택한다. 컬러칩을 붙이고 색 기호, 계통 색명, 관용 색명을 기록한다.
- 자기가 선택한 색채 이미지를 구체적으로 설명하고 통찰을 통해 느낌(감정, 감각, 기억)과 생각(의미)을 적는다.
- 팀원들과의 피드백을 통해 서로의 느낌과 생각을 나눈다.

▷ 재료: 색지, 가위, 풀

Activity 2-3
감정색으로 셀프 컬러 코디네이션을 해보자.

- Activity 2-1에서 떠오는 감정을 한 가지 정하고 그 감정을 표현하기 위한 감정색을 중심으로 패션 아이템을 찾아 셀프 컬러 코디네이션을 하고 사용된 아이템마다 디자이너와 브랜드 이름을 적는다. 컬러칩을 붙이고 색 기호, 계통 색명, 관용 색명을 기록한다.
- 셀프 컬러 코디네이션을 구체적으로 설명하고 통찰을 통해 느낌(감정, 감각, 기억)과 생각(의미)을 적는다.
- 팀원들과의 피드백을 통해 서로의 느낌과 생각을 나눈다.

▷ 재료: 패션 잡지, 색지, 가위, 풀

Activity 2-1　마음속에 떠오르는 감정을 색으로 표현해보자.

컬러칩									
색 기호									
계통 색명									
관용 색명									

설명(Description)

통찰(Reflection)

피드백(Feedback)

Activity 2-2 색채 사진을 보고 색채 이미지를 선택해보자.

빨강		주황		노랑		초록	
따뜻한	차가운	원기 왕성한	생기 없는	합리적인	비합리적인	균형	불균형
강한	연약한	쾌활한	우울한	논리적인	비논리적인	효율적인	비효율적인
참아내는	화난	자발적인	망설이는	지적인	멍청한	체계적인	불공평한
활기찬	피곤한	생기발랄한	의기소침한	가벼운	무거운	공평한	고마운 줄 모르는
결연한	의지가 약한	용감한	소심한	낙천적인	비관적인	감사하는	불성실한
친절한	불친절한	즉각적인	신중한	명확한	불명확한	성실한	다투는
실용적인	비실용적인	사교적인	고독한	밝은	어두운	조화로운	위협적인
정열적인	무딘	유머러스한	엄숙한	관대한	악의적인	보호하는	이기적인
지도적인	복종하는	힘찬	지친	용서하는	앙심 깊은	함께하는	갇힌
활동적인	나태한	건설적인	파괴저인	행복한	슬픈	자유로운	불안정한
주도적인	순종적인	자신감 있는	두려워하는	질서 정연한	어지러운	안정된	질투하는
참여적인	무관심한	충동적인	통제된	안심하는	초조한	만족하는	

청록		파랑		보라		마젠타	
반짝이는	둔탁한	평화로운	의견 충돌	함께	혼자	친절한	불친절한
젊은	늙은	평온한	동요하는	귀중한	가치 없는	지지하는	반대하는
상상력이 풍부한	꽉 막힌	수동적인	적극적인	존경할 만한	우스꽝스러운	사려깊은	이기저인
차분한	산만한	믿음직한	의심스러운	직관적인	조심스러운	다행스러운	고통스러운
변화 가능한	고정된	의지할 만한	못미더운	인정하는	부인하는	동정하는	무자비한
깨끗한	해로운	합쳐진	고립된	드러나는	숨겨진	성숙한	미성숙한
예민한	둔감한	수용	도피	아름다운	매력 없는	사랑하는	냉담한
변화하는	변화하지 않는	유연한	경직된	자신감 있는	초라한	진실한	인위적인
올라가는	처지는	확고부동한	물러나는	마음이 트인	편협한	도움이 되는	쓸모없는
확실한	불확실한	기쁜	우울한	견고한	무른	자연스러운	오만한
명백한	혼란스러운	걱정 없는	불안한	감탄스러운	수치스러운	커다란	작은
승리하는	실패하는			정숙한	허영	유연한	완고한

컬러칩								
색 기호								
계통 색명								
관용 색명								

설명(Description)

통찰(Reflection)

피드백(Feedback)

Activity 2-3 감정색으로 셀프 컬러 코디네이션을 해보자.

컬러칩										
색 기호										
계통 색명										
관용 색명										
설명(Description)										
통찰(Reflection)										
피드백(Feedback)										

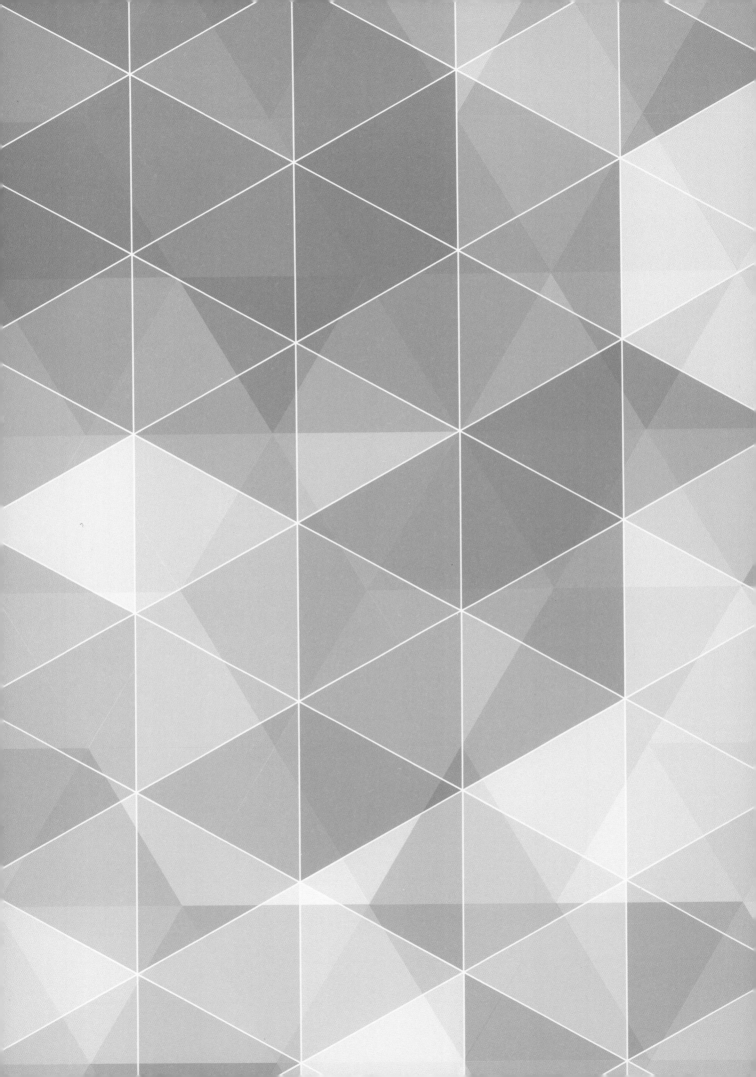

CHAPTER

3

톤 이미지

톤(Tone)은 명도와 채도의 복합 개념으로 사람이 색을 지각할 때 색채를 기억하기 쉽게 하고, 이미지를 반영하거나 조화를 생각하기 쉽게 해준다. 크게 화려한 톤, 밝은 톤, 수수한 톤, 어두운 톤으로 나누어진다.

- 화려한 톤(Pure Tone): 선명한(vivid), 기본색(strong)
- 밝은 톤(Tint Tone): 밝은(light), 연한(pale), 흰(whitish)
- 수수한 톤(Moderate): 밝은 회(light grayish), 회(grayish), 흐린(soft), 탁한(dull)
- 어두운 톤(Shade Tone): 진한(deep), 어두운(dark), 어두운 회(dark grayish), 검은(blackish)

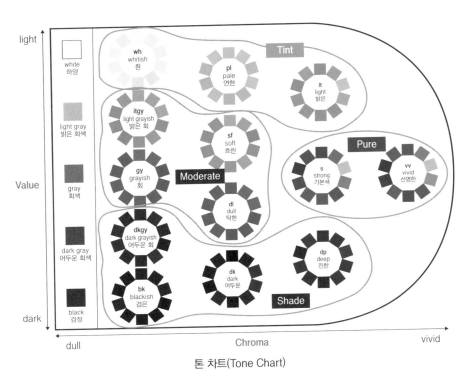

톤 차트(Tone Chart)

톤 이미지(Tone Image)

화려한 톤 vivid, strong

- 색 중에서 채도가 높은 그룹의 톤으로 선명한, 자극적인, 화려한 이미지의 비비드 톤과 강한, 동적인, 정열적인 이미지의 기본색이 이에 속한다.
- 스포츠웨어나 캐주얼한 패션에 많이 활용되고 가시성이 높기 때문에 간판이나 신호체계에도 효과적이다.

밝은 톤 light, pale, whitish

- 순색에 흰색을 가미한 톤으로 밝은, 산뜻한, 건강한 이미지의 라이트 톤, 연한, 섬세한, 부드러운 이미지의 페일 톤과 약한, 가벼운, 희미한 이미지의 화이티시톤이 이에 속한다.
- 건강하고 밝은 캐주얼웨어나 로맨틱하고 여성스러운 패션, 유아용품, 침구류, 아이스크림이나 캔디 등의 제품에 많이 활용된다.

| 화려한 톤 | 밝은 톤 | 수수한 톤 | 어두운 톤 |

수수한 톤 light grayish, grayish, soft, dull

- 밝거나 중간 정도의 회색이 가미된 톤으로 흐린, 온화한, 자연스러운 이미지의 소프트 톤, 탁한, 둔한, 칙칙한 이미지의 덜 톤, 우아한, 담백한, 도시적인 이미지의 라이트 그레이시 톤, 수수한, 차분한, 소극적인 이미지의 그레이시 톤이 속한다.

- 차분하고 자연적인 색으로 내추럴하고 정적인 패션이나 편안하며 소박한 안정감을 주는 인테리어에 사용하면 효과적이다.

어두운 톤 deep, dark, dark grayish, blackish

- 어두운 회색이나 검정이 가미된 톤으로 진한, 깊은, 충실한 이미지의 딥 톤과 어두운, 견고한, 원숙한 이미지의 다크 톤, 딱딱한, 점잖은, 중후한 느낌의 다크 그레이시 톤, 무거운, 엄숙한, 권위적인 이미지의 블랙키시 톤이 이에 속한다.
- 중후하고 안정된 색으로 남성적인 이미지, 비즈니스웨어, 클래식 이미지의 패션이나 인테리어에 사용하면 효과적이다.

Activity

3

Activity 3-1
마음속에 떠오르는 컬러 톤으로 화가의 그림을 표현해보자.

- 명화 감상을 통해 화가의 내면심리와 정신세계가 어떻게 드러나 있는지 살펴보면서 자신의 내면을 돌아본다. 제시된 그림은 피카소의 〈인생〉으로 청색 계열로 구성되어 있다. 그림에 관한 설명을 읽은 후 자신이 화가라면 어떤 색으로 표현했을지 생각하고 톤의 변화를 느끼면서 컬러링하고 그림의 제목을 정한다. 컬러칩을 붙이고 색 기호, 계통 색명, 관용 색명을 기록한다.
- 그림을 구체적으로 설명하고 통찰을 통해 느낌(감정, 감각, 기억)과 생각(의미)을 적는다.
- 팀원들과의 피드백을 통해 서로의 느낌과 생각을 나눈다.

▷ 재료: 컬러링 도구, 색지, 가위, 풀

Activity 3-2
톤 차트를 만들어보자.

- 제시된 톤 차트의 색 기호와 같은 색의 컬러칩을 오려 붙인다.
- 컬러칩을 붙일 때 같은 톤의 에너지를 느낀다.

▷ 재료: 색지, 가위, 풀

Activity 3-3
톤 이미지 맵을 만들고 셀프 컬러 코디네이션을 해보자.

- Activity 3-1에서 표현한 톤의 사진을 잡지에서 찾아 이미지 맵을 만들어본다. 표현된 톤에 해당하는 패션 아이템을 찾아 셀프 컬러 코디네이션을 하고 사용된 아이템마다 디자이너와 브랜드 이름을 적는다. 컬러칩을 붙이고 색 기호, 계통 색명, 관용 색명을 기록한다.
- 셀프 컬러 코디네이션을 구체적으로 설명하고 통찰을 통해 느낌(감정, 감각, 기억)과 생각(의미)을 적는다.
- 팀원들과의 피드백을 통해 서로의 느낌과 생각을 나눈다.

▷ 재료: 패션 잡지, 색지, 가위, 풀

Activity 3-1 마음속에 떠오르는 컬러 톤으로 화가의 그림을 표현해보자.

제목	피카소의 〈인생〉
컬러	
내용	반대하는 사랑을 하다 자살한 친구와 그의 애인, 그리고 친구의 어머니를 그렸다. 벌거벗은 남녀는 육체적 사랑을, 옷을 입은 모자는 정신적 사랑을 표현한 것이다. 애욕과 윤리에서 갈등했던 청년 피카소의 복잡한 심리를 표현한 그림이다.

제목

컬러칩								
색 기호								
계통 색명								
관용 색명								
설명(Description)								
통찰(Reflection)								
피드백(Feedback)								

Activity 3-2 톤 차트를 만들어보자.

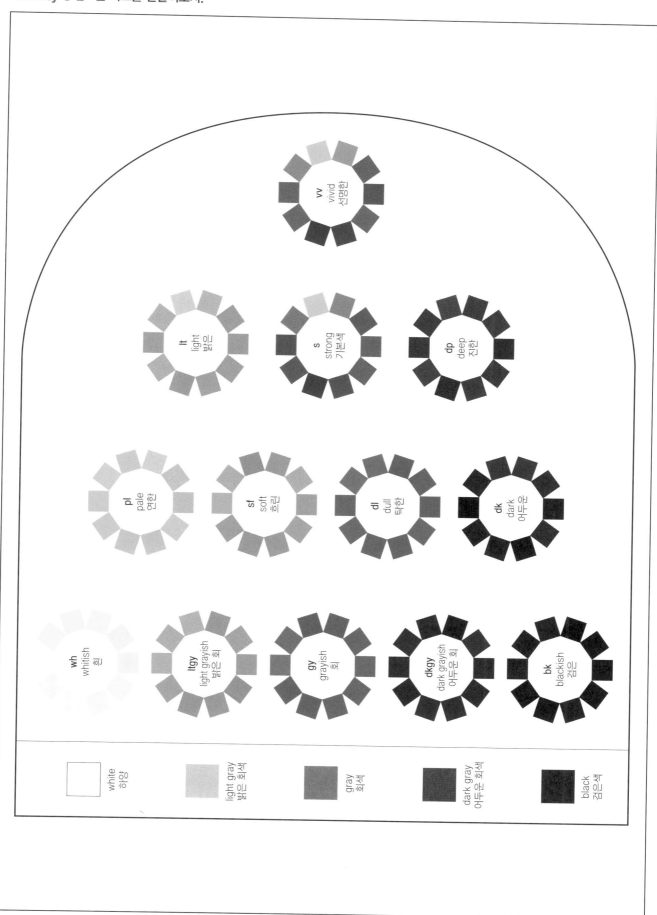

Activity 3-3 톤 이미지 맵을 만들고 셀프 컬러 코디네이션을 해보자.

		셀프 컬러 코디네이션

컬러칩											
색 기호											
계통 색명											
관용 색명											

설명(Description)

통찰(Reflection)

피드백(Feedback)

CHAPTER

4

심리구조와
색채의
시각적 감성

심리구조와 심리기제

심리구조

정신분석학에서는 인간의 정신구조를 의식, 전의식, 무의식으로 나눈다. 의식은 각성상태로 내·외부의 지각을 알 수 있는 것이고 전의식은 의식 바로 밑에 있어 평소에는 인식되지 않지만 언제든 쉽게 떠올릴 수 있는 생각과 기억을 말한다. 무의식은 선천적이고 본능적인 욕망과 지각할 수 없는 영역의 것이다.

정신과 의사 프로이트(Freud)는 인간의 의식을 빙산의 일각에 비유하면서 물 위로 드러나는 것을 의식, 물 밑에 잠겨 있는 것을 무의식이라고 하였다. 무의식은 의식보다 더 보편적이며 인간 내면에서는 무의식의 비중이 의식보다 크다.

무의식은 인간이라면 누구나 지니고 있는 것으로 생각이나 사상, 감정 같은 심리 과정이 의식되지 않은 채 마음속에서 작용하고 있는 상태로 꿈이나 실수, 버릇 등을 통해 드러나게 된다.

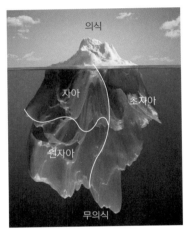

- 원자아(Id): 만족 추구, 심리적 에너지, 정신적 에너지의 원천으로 인간이 태어날 때의 정신적 상태이자 본능적인 상태이다. 즉, 무의식 상태를 말한다.
- 자아(Ego): 현실을 파악하고 인식하며 경험하는 마음의 구조로 내면의 상태를 통제하고 조절하여 환경과 원만한 관계를 유지하려고 하는 현실적이고 논리적인 상태를 말한다.
- 초자아(Superego): 양심적인 판단과 도덕적이고 윤리적이며 이상과 완벽을 추구하는 이성의 이상적인 상태를 말한다.

심리기제

프로이트는 자신의 정신적 안정상태를 유지하고 마음을 보호하기 위해 무의식 중에 일어나는 것이 심리기제라고 했다. 이는 불안이나 공격과 같은 사고와 행동, 사회에서 인정받지 못하는 감정과 불안 등으로부터 벗어나기 위해 자아가 시도하는 것이다.

억압
불안을 회피하기 위한 일차적인 심리기제로 감당하기 힘든 괴로운 감정이나 고통스러운 생각을 의식으로 차단하여 인식하지 못하도록 무의식으로 보내버리는 것이다.

| 억압 | 퇴행 | 유머 | 동일화 | 상징화 |

퇴행

참기 힘든 스트레스나 갈등과 같이 자신이 처한 어려운 상황을 피하기 위해 어린 시절의 발달 초기 단계로 되돌아가는 것으로, 나이에 맞는 적절한 행동이나 합리적인 행동을 하지 못하고 미성숙한 행동을 하게 된다.

유머

상대방과 싸움이 날 것 같은 공격적인 분위기나 불편하고 불쾌한 감정을 느끼지 않도록 분위기를 웃을 수 있는 상황으로 바꾸는, 성숙하고 건전한 심리기제를 말한다.

동일화

자신보다 우월하고 이상적으로 보이는 사람의 사고, 삶의 가치 등을 받아들이고 내면화하여 다른 사람과 자신을 구분하지 못하고 동일시하는 것을 말한다.

상징화

어떤 대상이나 사상을 다른 것을 나타내는 데 사용하는 것으로, 무의식에 억압되어 있는 욕구를 상징화를 통해 해소하거나 어떤 대상에 부착된 감정적 가치를 그 대상을 나타내는 상징물로 표현하여 감정 가치를 이동시키는 것을 말한다.

색채의 시각적 감성

색채감성

온도감

- 색의 따뜻하고 차가운 정도를 말하며 색상에 영향을 받는다.
- 난색은 빨강, 주황 등의 레드 계열로 따뜻하게 느껴지는 색이고 한색은 파랑, 남색 등

의 블루 계열로 차갑게 느껴지는 색이다. 중성색은 초록, 보라 등으로 따뜻하지도 차갑지도 않게 느껴지는 색이다.

| 난색 | 중성색 | 한색 |

경연감

- 색에서 느껴지는 부드럽고 딱딱한 느낌을 말하며 채도와 명도가 복합적으로 작용하고 색상보다는 톤에 영향을 받는다.
- 부드러운 색은 고명도 저채도의 색, 난색 계통, 파스텔 톤이고 딱딱한 색은 저명도 고채도의 색으로 한색 계통이다.

| 부드러운 색 | 딱딱한 색 |

면적감

- 같은 면적이라도 색상에 따라 크기가 달라 보이는 대소감을 말한다.
- 팽창색은 난색, 고명도 고채도의 색, 따뜻하고 맑고 밝은색이며 수축색은 한색, 저명도, 저채도의 색, 차갑고 탁하며 어두운색이다.

팽창색   수축색

운동감

- 색상에 따라 진출되어 보이거나 후퇴되어 보이는 거리감을 말한다.
- 진출색은 앞으로 튀어나와 보이는 색으로 난색 계통, 명도, 채도가 높은 색이며 후퇴색은 뒤로 물러나 보이는 색으로 한색 계통, 명도, 채도가 낮은 색이다.

진출색   후퇴색

중량감

● 색에서 느껴지는 가볍고 무거운 느낌의 무게감으로, 색상보다는 명도의 차이에 좌우된다.

● 가벼운 색은 고명도의 색이고, 무거운 색은 저명도의 색이다. 무거운 색을 아래에 두고 가벼운 색을 위에 매치하면 더욱 안정감이 있어 보인다.

공감각

● 색에서 다른 감각기관의 감각인 미각, 후각, 청각, 촉각 등을 느끼는 것을 말한다.

● 미각: 단맛은 빨강·주황·핑크의 난색, 신맛은 연두와 노란색의 배색, 쓴맛은 그린 계열과 한색 계열, 짠맛은 연청색과 회색으로 나타난다.

● 후각: 좋은 냄새는 순색과 고명도·고채도의 색으로, 나쁜 냄새는 어둡고 탁한 색으로 나타난다.

● 청각(색청): 낮은 음은 어두운색, 높은 음은 고명도·고채도의 색, 탁음은 회색, 표준음은 순색, 마찰음은 회색 기미의 거친 색, 예리한 음은 맑고 선명한 색으로 나타난다.

● 촉각: 광택성은 고명도의 밝고 강한 색, 금속성은 차갑고 딱딱한 은색, 거친 질감은 어두운 회색조의 색, 부드러운 질감은 따뜻하고 밝은색으로 나타난다.

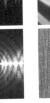

미각   후각   청각   촉각

색의 대비

명도대비

명도가 서로 다른 색을 대비시켰을 때 색의 명도가 높거나 낮아 보이는 것을 말한다. 같은 명도의 색이라도 저명도 배경에서는 명도가 더 높아 보이고 고명도 배경에서는 더 낮아 보인다.

색상대비

색상이 서로 다른 두 색을 대비시켰을 때 색상 차가 더 크게 보이는 현상을 말한다. 색상환에서 가까운 두 색을 배경으로 했을 때 서로 반대 방향으로 색상 차가 크게 벌어진다.

채도대비

채도가 서로 다른 두 색의 대비에서 채도 차가 크게 보이는 현상을 말한다. 대비된 색보다 채도가 높은 색은 더 선명하게 보이고 채도가 낮은 색은 더 탁하게 보인다.

보색대비

보색끼리 만나 서로의 색감이 강조되어 채도가 높아 보이는 대비효과를 말한다. 색의 대비 중 가장 강한 대비효과가 일어나며, 서로의 잔상에 의해 반대쪽의 채도가 높아져 강렬한 인상을 준다.

연변대비

두 색이 인접해 있을 때 경계 부분에 나타나는 대비효과를 말한다. 고명도의 색과 인접한 부분은 더욱 어둡게 보이고, 저명도와 인접한 부분은 더욱 밝게 보인다. 경계면에 가까운 부분에서는 먼 부분보다 더 강한 색채대비가 일어난다.

면적대비

차지하는 면적의 크고 작음에 따라 동일한 색이 다르게 보이는 현상이다. 실제보다 큰 면적의 색은 명도와 채도가 높아 보이고, 작은 면적의 색은 명도와 채도가 낮아 보인다.

Activity

4

Activity 4-1
마음속에 떠오르는 심리기제를 나타내는 패션 사진을 찾아보자.

- 눈을 감고 명상하며 자신이 주로 사용하는 심리기제를 떠올려본다. 심리기제(억압, 퇴행, 유머, 동일화, 상징화 등)를 나타내는 패션 사진을 찾아 붙인다. 컬러칩을 붙이고 색 기호, 계통 색명, 관용 색명을 기록한다.
- 패션 사진을 구체적으로 설명하고 통찰을 통해 느낌(감정, 감각, 기억)과 생각(의미)을 적는다.
- 팀원들과의 피드백을 통해 서로의 느낌과 생각을 나눈다.
▷ 재료: 패션 잡지, 색지, 가위, 풀

Activity 4-2
색채감성과 색채 대비가 나타난 패션 사진을 찾아보자.

- 패션 잡지에서 색채 감성과 색채 대비가 잘 나타난 사진을 찾아 붙인다. 컬러칩을 붙이고 색 기호, 계통 색명, 관용 색명을 기록한다.
- 패션 사진을 구체적으로 설명하고 통찰을 통해 느낌(감정, 감각, 기억)과 생각(의미)을 적는다.
- 팀원들과의 피드백을 통해 서로의 느낌과 생각을 나눈다.
▷ 재료: 패션 잡지, 색지, 가위, 풀

Activity 4-3
자신의 심리기제를 나타내는 셀프 컬러 코디네이션을 해보자.

- Activity 4-1에 나타난 심리기제를 표현하기 위한 패션 아이템을 찾는다. 심리기제가 잘 표현된 셀프 컬러 코디네이션을 하고 사용된 아이템마다 디자이너와 브랜드 이름을 적는다. 컬러칩을 붙이고 색 기호, 계통 색명, 관용 색명을 기록한다.
- 셀프 컬러 코디네이션을 구체적으로 설명하고 통찰을 통해 느낌(감정, 감각, 기억)과 생각(의미)을 적는다.
- 팀원들과의 피드백을 통해 서로의 느낌과 생각을 나눈다.
▷ 재료: 패션 잡지, 색지, 가위, 풀

Activity 4-1 마음속에 떠오르는 심리기제를 나타내는 패션 사진을 찾아보자.

컬러칩										
색 기호										
계통 색명										
관용 색명										

설명(Description)

통찰(Reflection)

피드백(Feedback)

Activity 4-2 색채감성과 색채 대비가 나타난 패션 사진을 찾아보자.

색채감성					색채 대비				

컬러칩									
색 기호									
계통 색명									
관용 색명									

설명(Description)
통찰(Reflection)
피드백(Feedback)

Activity 4-3 자신의 심리기제를 나타내는 셀프 컬러 코디네이션을 해보자.

컬러칩									
색 기호									
계통 색명									
관용 색명									
설명(Description)									
통찰(Reflection)									
피드백(Feedback)									

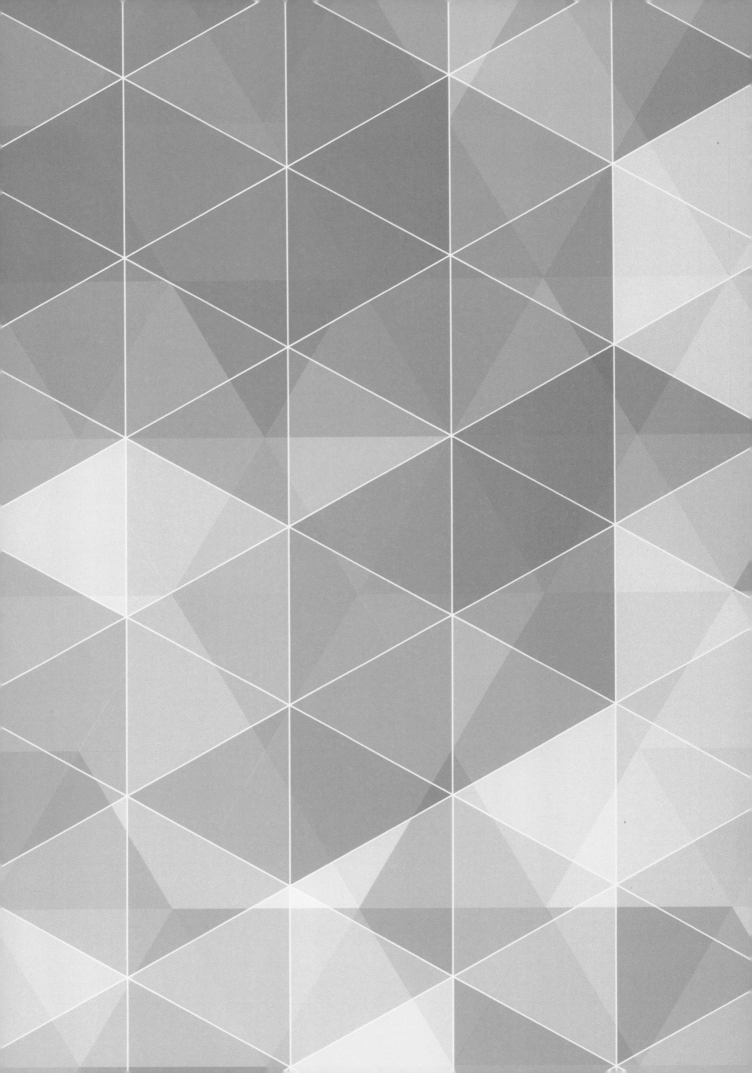

CHAPTER

5

색채심리

색채는 강렬한 힘을 가진 도구로 사람의 정서적·심리적·육체적 상태에 많은 영향을 미치며 사람의 성격을 표현한다. 패션에서는 심리적인 메시지를 표현하는 커뮤니케이션의 도구로 활용되며 치료를 위한 도구로도 사용된다.

빨강

- 빨강은 외향적이고 정열을 대표하는 색으로 활력과 에너지, 동기 부여와 자극을 준다. 이 색을 선호하는 사람들은 삶에 대한 의지가 강하고 호기심이 왕성하며 충동적이고 삶을 즐기는 낙천성이 있다. 자존심이 강하고, 용기가 있으며, 적극적이고, 긍정적인 사고와 책임감이 강하다. 반면 점잖지 못하게 거친 모습과 위험, 분노를 드러내거나 자기중심적 사고나 적개심을 지니기도 한다.
- 빨강은 에너지가 충만한 색으로 기운이 없거나 몸과 마음이 피곤한 날, 에너지와 열정이 필요할 때 연출하면 효과적이다. 또 리더십이 필요하거나 주위 사람에게 주목받고 싶을 때, 적극적인 이미지를 표현하고 싶을 때에 이 색의 패션 소품을 활용하면 좋다.
- 빨강은 몸을 따뜻하게 해주고 자아 치유력을 높여 능률을 향상시켜준다. 혈압을 상승시키므로 혈압이 낮은 사람에게 효과적이며 무기력한 사람에게도 도움을 준다. 안색이 창백한 사람이나 빈혈 증상을 가진 사람에게도 도움이 되며, 아드레날린을 분비시켜 혈액 순환에도 도움을 준다.

주황

- 주황은 생동감이 있는 긍정적인 색으로 사람의 기분을 밝게 만드는 성질의 따뜻한 색이다. 이 색을 선호하는 사람들은 매사에 개방적이고 의사소통에 적극적이며 융통성이 있다. 사교성, 친절, 미소, 유머를 지니고 사랑받는 것을 즐긴다. 반면, 거만하거나 과시하려는 성향, 활력을 잃고 좌절하거나 우울증을 앓는 경향도 있다.
- 주황은 사람들의 이목을 끌고 친밀감을 느끼게 하는 색으로, 밝고 활발한 인상을 주고 싶거나 사교성을 드러내고 싶을 때 연출하면 효과적이다. 또 마음이 좋지 않은 날, 에너지를 북돋고 생기를 얻고자 할 때도 도움을 된다.
- 주황은 순환계와 호흡계 기능을 상승시키고 내분비계를 활성화시키며, 심장박동을 강하

게 하고 간에도 도움을 주어 알코올 중독 치료를 도와준다. 식욕 증진에 효과적이며 삶의 욕구와 의욕을 증진시키는 데 도움이 되는 색으로 신경쇠약이나 우울증처럼 무기력하고 상실감에 빠져 있는 사람에게 효과적이다.

노랑

- 노랑은 빛과 가장 가까운 색으로 이 색을 선호하는 사람들은 유머감각과 창의력이 풍부하고 편견이 없으며 도량이 넓다. 다른 사람에게 따뜻하며 사교적이고 지적인 식별력과 판단력, 결단력이 있으며 밝고 솔직하고 천진난만한 성격으로 모험을 좋아하고 그룹의 중심에 서고 싶어 한다. 한편으로는 인내심이 부족하고 자기중심적 사고와 행동을 드러낼 수 있으며 속임수나 기만, 아첨과 같은 계산적인 행동을 하거나 비관주의적인 사고를 지니기도 한다.

- 노랑은 마음을 자극하고 분위기를 밝게 해주는 색으로, 흐린 날 연출하기에 적합하다. 우울하고 기분이 좋지 않은 날, 태양의 기운으로 밝고 생기 있는 인상을 주고 싶을 때 연출하면 효과적이다. 대인관계에 소극적인 사람들의 긴장을 푸는 데도 좋다. 또 노랑 계열의 골드는 지위가 높은 사람들이나 지적이고 학구적인 사람들이 즐겨 사용하는 색으로, 통솔력과 성공의 이미지를 연출하고자 할 때 골드의 패션 액세서리를 활용하면 좋다.

- 노랑은 신경계를 자극하여 편두통 완화에 도움을 주며, 운동신경을 활성화하여 근육의 에너지를 생성시키므로 관절염 약에 사용하기도 한다. 의기소침하거나 비관적인 사고를 밝고 긍정적인 사고로 전환하는 데도 도움을 준다.

초록

- 초록은 자연이 느껴지는 정적인 색으로, 몸과 마음의 안정을 선사하고 집중력을 향상시켜준다. 이 색을 선호하는 사람들은 온화하고 마음이 따뜻하여 베푸는 성향이 있고 사려 깊으며 협동심이 높은 편이다. 올바른 행동과 품행을 중요시하고 참을성이 있으며 조심스럽고 안정감을 선호하는 경향이 있다. 반면, 지나친 조심성으로 인해 침체되거나 퇴보하는 경향이 나타날 수 있다.

- 초록은 조화로운 분위기와 균형을 조성하는 색으로 몸과 마음이 지치거나 스트레스가 많은 날에 이 색으로 연출하면 안정에 효과적이다. 중요한 일을 앞두고 심리적으로 불안할 때도 이 색의 패션 또는 액세서리를 연출하면 마음을 진정시키는 데 도움을 준다. 노랑과 파랑의 에너지도 함께 지닌 색으로 노랑과 파랑을 같이 연출할 때 가장 안정적이다.

- 초록은 뇌의 흥분을 진정시키고 혈압을 낮추며 긴장을 완화시켜 피곤한 눈이나 몸을 쉬게 해주는 효과가 있으므로 불면증이나 피로 개선에 도움을 준다. 또 감정의 균형을 회복시키는 데 도움을 주어 항우울제에도 사용되며 신경과민이나 조울증, 불안증의 개선에 효과적이다.

청록

- 청록은 마음을 건강하게 만드는 색으로 이 색을 선호하는 사람들은 지속적인 활력을 지니며 자신을 명확히 표현할 수 있는 자각이 있고 주의가 깊다. 또 행복을 발산하는 기질이 있어 자유롭고 유익하며 늘 희망이 넘친다. 감성이 풍부하고 조용하며 듬직하고 착실한 편이지만 때로는 미성숙한 모습과 무능력함, 공허함 등이 나타낼 수도 있다.

- 청록은 쉽게 접근할 수 있는 신선한 성질의 색으로 다른 사람의 관심을 자극하거나 친근하고 신선한 나를 표현하고자 할 때 효과적이다. 젊음과 화사함을 지닌 사람으로 보이고 싶거나 차분하고 상쾌한 기분을 내고 싶을 때 연출하기 좋다.

- 청록색은 면역력을 높여 나쁜 바이러스가 침투하지 못하게 도와주고, 감염이나 에이즈 등의 치료에 사용된다. 상처 속 세균 활동을 약화·진정시키는 효과가 있어 베인 상처나 타박상, 화상 등에 도움이 되며 피부 트러블 개선에도 효과적이다. 또 활기가 없고 처지거나 늘어지는 사람들에게 도움이 된다.

파랑

- 파랑은 차가움을 대표하는 색으로 깊이가 있고 냉정한 색이다. 파랑을 선호하는 사람은 내향적이며 냉정하게 판단할 수 있는 자제력과 감성을 지니고 있어 쉽게 흥분하지 않으며 논리적이다. 맡은 일에 책임을 다하고 의지가 곧으며 믿음과 정직을 중요시한다. 반면 게을러지거나 나태해질 수 있고 우울증이나 무기력증이 나타나기도 한다.
- 파랑은 신뢰감을 주는 대표적인 색으로 충성과 정직을 소중히 여기고 성실하고 믿음직한 이미지를 연출하고자 할 때 비즈니스웨어에 활용하면 효과적이다. 마음이 복잡한 날이나 차분함이 필요할 때도 이 색으로 패션을 연출하면 도움이 된다. 또 흰색과 매치하여 적극적이고 시원한 인상을 주는 데도 효과적이다.
- 파랑은 신체를 서늘하게 하고 진정효과가 있어 고열이나 고혈압에 도움이 된다. 두통에도 효과가 있어 수면제와 안정제의 포장지 색으로 많이 사용된다. 감기 증상이나 근육의 긴장, 생리통, 허리 통증 등을 완화시켜주는 데도 효과적이다.

보라

- 보라는 빨강과 파랑의 기질을 가진 색으로 현실적 이상주의를 나타내어 특히 예술가들에게 선호된다. 이 색을 좋아하는 사람은 감수성이 풍부하고 창의적이며 미적 감각이 뛰어난 편이다. 비전이 있으면 운명을 개척해나가며 직관력과 통찰력, 상상력이 풍부하다. 반면, 독립적인 성향을 지녀 외로울 수 있으며 정서 불안이나 우울 등의 감정에 빠지기 쉽다.
- 보라는 권력을 나타내는 고귀한 색으로 위엄 있고 고급스러운 분위기를 연출할 때 효과적이다. 개성이 강한 색으로 자존감과 개성을 드러내고자 할 때 이 색으로 패션을 연출하면 효과적이다.

- 보라는 불안하거나 과로 상태의 긴장을 풀어주고 민감한 신경을 안정시키며 정신분열증, 우울증 등의 심리적 장애가 있는 환자에게 도움을 준다. 또 비장의 활동을 증가시켜 신진대사와 소화장애에 도움을 주며, 뇌하수체의 기능과 연결되어 호르몬 활동의 정상화를 돕는다.

마젠타

- 마젠타는 헌신과 감사의 색이다. 이 색을 선호하는 사람들은 따뜻하고 온화하며 보살피고 싶은 마음이나 연민의 감정을 잘 느낀다. 활발하고 자부심이 강한 외향적인 성격으로 화려한 것과 치장을 좋아하고 매력이 풍부하여 이성에게 호감을 주는 특징이 있다. 반면, 지나친 자기애와 자만심, 우월감으로 인해 세상을 등지거나 고립적인 성향을 나타내기도 한다.
- 마젠타는 사랑을 표현하는 색으로 애정이 가득한 날이나 특별한 날에 매력을 발산하거나 사랑스러운 자신을 연출하기에 좋다. 빨강이 가진 미묘한 성적 메시지와 탐미적인 허식을 지녀 관능적인 매력으로 이성적인 시선을 끌기에 적당하다.
- 마젠타는 뇌에 피를 공급하고 교감신경계를 자극하여 기억 상실과 혼수상태 완화에 도움을 준다. 심장의 기능을 원활히 해주고 혼란스러운 감정상태나 공격적이고 난폭한 행동 교정에 도움을 주는 색이다.

흰색

- 흰색은 긍정과 초월의 색으로 빛과 밝음을 상징한다. 흰색을 좋아하는 사람은 완전함과 높은 이상을 요구하는 완벽주의자로 충성과 정직을 소중한 가치로 여긴다. 남에게 위협을 가하지 않고 성실하며 실용적·기능적인 면을 중시한다. 반면, 내성적이고 폐쇄적인 성향을 지니거나 실수를 용납하지 않으며 지나친 완벽을 추구하는 결벽증을 드러낼 수도 있다.

- 흰색은 어떠한 색과도 조화가 잘되는 밝은색으로 깨끗한 상태를 나타내므로 정직한 메시지와 깔끔한 인상을 심어주고자 할 때 이 색으로 패션을 연출하면 효과적이다. 또 새로운 일을 시작할 때나 뜨거운 햇볕 아래에서 시원한 느낌을 주고 싶을 때 연출하면 좋다.

- 흰색은 과격한 성격이나 신경과민을 억제시켜주고 불안할 때 안정감을 준다.

회색

- 회색은 흰색과 검정이 섞인 중성적인 조화의 색이다. 이 색을 선호하는 사람들은 중립적이며 개성이 뚜렷하지 않고 겸손하여 다른 사람들과 조화를 잘 이룬다. 개성과 주장이 없기에 자칫 지루하고 무기력하며 소극적으로 보일 수 있다. 자기 절제력과 통제력이 강하고 온화하며 마음이 여리고 우유부단하다.

- 회색은 수수하고 금욕적인 인상을 지닌 색으로, 지나친 열정을 차분하게 하는 진정효과를 얻고자 할 때 연출하면 효과적이다. 수수하면서도 세련된 모습을 연출하기에도 적합하다. 다른 색과의 조화가 쉬워 용기가 없거나 무기력할 때, 분홍이나 연보라와 같이 매치하면 기분 전환에 효과적이다.

검정

- 검정은 독립적이고 의지가 강한 색이자 방어적인 색으로 자신을 드러내기 싫어하는 사람들이 무의식적으로 사용한다. 검정을 좋아하는 사람은 강하고 자기 의사가 뚜렷하여 남에게 간섭받는 것을 싫어하고, 권위적이고 도전적이며 세련되게 보이고 싶은 욕구가 있다. 반면, 불안하고 절망적이거나 냉담한 면모가 있고 자신을 숨기거나 감정 표출을 억압하며 한편으로는 보호받고 싶어 하기도 한다.
- 검정은 권력과 기품을 가진 색으로 권위적이고 힘을 표현하고 싶거나 존경받는 사람으로 보이고 싶을 때 연출하면 효과적이다. 꾸미지 않은 듯한 시크한 세련미를 표현하거나 발표나 면접 등의 중요한 자리에서 진중함을 표현할 때도 효과적이다.

CRR 색채심리 분석법

하워드 선과 도로시 선이 개발한 CRR(Color Reflection Reading)은 색이 인간에게 미치는 심리적 영향을 바탕으로 한 색채심리 분석법이다. 8개의 색 견본을 보고 순간적으로 마음에 끌리는 3개의 색을 선택하면 된다.

CRR 분석에서 순서가 지니는 의미

- 첫 번째로 선택한 색
  - 개인적인 본질을 나타낸다.
  - 본인의 기본 성격과 상황에 따라 반응하는 양식을 반영한다.
  - 진실된 자아의 표현이며 현재 본인이 중점적으로 표현하고 있는 색이다.

- 두 번째로 선택한 색
  - 현재를 의미하며 지금 처해 있는 본인의 육체적·정신적·정서적 면과 관련이 있다.
  - 이 색(혹은 그것의 보색)은 본인의 무의식적 욕구나 결핍 상태, 약점을 반영한다.
  - 지금 즉시 수용해야 할 색, 본인이 지금 해결해야 할 문제를 나타낸다.

- 세 번째로 선택한 색
  - 목표를 의미하며 그 목표를 달성할 수 있는 방법을 제시한다.
  - 본인의 내면적 소망, 비전과 꿈이 반영된 색으로 운명의 방향, 앞으로를 지시한다.
  - 새롭고 신선한 미래를 위해 본인이 해야 할 행동을 알려준다.

CRR 분석에서 색 조화의 의미

선택한 3가지 색 중에서 2가지 색이 서로 반대되는 위치(보색 색상환 위치)에 있는 경우 색이 조화를 이룬 것으로 본다. 색의 조화는 바람직한 상호작용으로 에너지가 분산되거나 낭비될 가능성이 적다. 또한 본인의 성격과 환경, 목표에 어울리는 길을 따라 건설적으로 나아가고 있음을 의미한다.

- 세 번째와 첫 번째 색의 조화
  - 진정한 자아와 장기적인 발전 목표가 잘 결합되어 있는 상황을 의미한다.
  - 두 번째 색이 드러내는 장애물을 극복하면 성공할 가능성이 크다.

- 두 번째와 첫 번째 색의 조화
  - 현재의 상태와 본인의 진정한 자아가 잘 맞물려 본래의 성격이 개인의 성장에 도움이 됨을 암시한다.

- 세 번째와 두 번째 색의 조화
  - 두 번째 색이 제시하는 도전을 극복해야 당신의 목표를 달성할 수 있음을 의미한다.

자료: 하워드 선 & 도로시 선(2012). 내 삶에 색을 입히자.

Activity

5

Activity 5-1
CRR에서 선택한 3가지 색의 의미를 통해 자신을 알아보자.

- CRR의 8가지 색상을 보고 선호하는 3가지 색을 즉각적으로 선택한다. 선호하는 순서대로 색지를 오려 붙이고 색상환에 표시한다. CRR에서 선택한 3가지 색의 의미를 찾아 적는다.
- 선택한 3가지 색의 의미를 통해 알게 된 자기에 관하여 구체적으로 설명하고 통찰을 통해 느낌(감정, 감각, 기억)과 생각(의미)을 적는다.
- ▷ 재료: 색지, 가위, 풀

Activity 5-2
자신의 생활공간이나 패션에서 많이 사용하는 색을 알아보자.

- 자신의 생활공간(인테리어, 소품 등)이나 패션(의상, 가방, 신발, 액세서리 등)에서 평소에 많이 사용하거나 경험하는 색의 사진을 찍어 맵을 만든다. 컬러칩을 붙이고 색 기호, 계통 색명, 관용 색명을 기록한다.
- 사진 맵에 나타난 색들을 구체적으로 설명하고 통찰을 통해 느낌(감정, 감각, 기억)과 생각(의미)을 적고 현재 나에게 필요한 색이 무엇인지 알아본다.
- 팀원들과의 피드백을 통해 서로의 느낌과 생각을 나눈다.
- ▷ 재료: 사진 자료, 색지, 가위, 풀

Activity 5-3
CRR에서 선택한 3가지 색으로 셀프 컬러 코디네이션을 해보자.

- Activity 5-1의 CRR 분석을 통해 자기에게 필요한 색에 해당하는 패션 아이템을 찾아 셀프 컬러 코디네이션을 하고 사용된 아이템마다 디자이너와 브랜드 이름을 적는다. 컬러칩을 붙이고 색 기호, 계통 색명, 관용 색명을 기록 한다.
- 셀프 컬러 코디네이션을 구체적으로 설명하고 통찰을 통해 느낌(감정, 감각, 기억)과 생각(의미)을 적고 현재 나에게 필요한 색이 무엇인지 알아본다.
- 팀원들과의 피드백을 통해 서로의 느낌과 생각을 나눈다.
- ▷ 재료: 패션 잡지, 색지, 가위, 풀

Activity 5-1 CRR에서 선택한 3가지 색의 의미를 통해 자신을 알아보자.

	컬러	의미
		마젠타 / 빨강 / 보라 / 주황 / 파랑 / 노랑 / 청록 / 초록
1		
2		
3		
설명(Description)		
통찰(Reflection)		
피드백(Feedback)		

67

CRR에 의한 컬러 의미

	첫 번째 위치에 있을 때	두 번째 위치에 있을 때	세 번째 위치에 있을 때
빨강	• 남을 따르는 것보다 앞에서 이끄는 쪽이며 남보다 먼저 개척하교 의견을 제시한다. 사교적이며 지도력이 있고 경쟁심이 강하고 저돌적인 추진력이 있다. 육체적인 힘과 결단력을 믿고 적극적이며 강렬하고 정열적이며 감정적인 에너지가 끊임없이 솟구친다. • 논리와 감정의 조화를 위해 노력해야 바라는 인생의 평형상태에 도달할 수 있다.	• 자신을 자극하고 분발하게 하며 신체적인 힘을 길러야 한다. • 몸이 지치지 않도록 조심하고 에너지를 조절하는 것이 중요하다. • 인내심이 필요하고 지배적인 성향, 공격성, 대결 본능, 강한 성적 자극에 매달리지 않도록 주의한다. 사랑, 애정, 우정의 느낌을 표현하기 위해 노력해야 한다.	• 공상에 빠지거나 행동을 미루지 말고 현실에 집중하여 기회를 잡아야 한다. • 새로운 일을 만들어서 확실하게 밖으로 표시하고 싶어 하고 달려 나갈 준비가 되어 있다. • 몹시 지치고 고갈되어 있는 상태를 진정시키고 가라앉혀 재충전해야 한다. 푸른 하늘, 짙은 파랑, 청록색의 바다에 대한 생각이 이상적인 영양제가 된다.
주황	• 경쾌하고 낙천적이며 활기차고 즐겁고 민감하고 행복한 기질이 있다. • 인생을 즐기려 하고 어디서든 명랑함과 용기를 발휘한다. 사람들과 이야기하기를 즐기고 사교적이고 외향적이어서 주위 사람을 즐겁게 한다. • 성급하며 극단적이고 지나치게 활동적인 성향이 있어 지치고 피곤해져 감정의 폭발을 일으킬 수 있다. • 일의 우선순위를 정하여 상황을 따져 평가하려고 노력하고 기본적인 본성을 믿을 필요가 있다.	• 내면적 자아를 좀 더 의식하고 몸과 마음의 평온함을 위해 노력해야 한다. 다른 사람에게 고압적이고 강압적인 태도를 보이는 경우가 많기 때문에 느긋하고 편안한 태도를 터득해야 한다. • 자신을 위해 시간을 내고 조용하고 차분하게 시간을 보내야 자신을 이끌어갈 수 있다.	• 파괴적인 방식을 지양하고 건설적으로 행동할 필요가 있다. 충동적인 행동을 피하고 깊이 생각하여 신중하게 행동해야 에너지를 현명하면서도 효율적으로 사용할 수 있다. • 용감하고 자신 있게 앞으로 나아가고 인생을 즐기는 것이 필요하다. 위험을 감수하고 평소 행동을 뛰어넘겠다는 의지를 지녀야 한다.
노랑	• 이성, 논리, 평가에 초점을 맞추어 인생을 바라보고 쉽게 상황을 파악하고 분석하고 계산할 수 있다. 남을 지배하거나 우월해지려는 경향이 강하고 뜻대로 되지 않을 때 심술과 악의적 행동이 나타난다. • 말솜씨가 뛰어나고 표현력이 좋으며 말과 숫자에 관한 일에 주로 참여하고 책임감과 권위가 있는 직위를 맡고 있을 가능성이 높다. • 자신이 관심의 대상일 때 사람들이 모이는 자리를 선호한다.	• 정신적인 능력뿐만 아니라 육체적인 자아까지 생각해야 한다. 현실적이고 실제적인 인생을 무시한 채 환상이나 꿈, 상상력의 세계에 빠지는 경우가 자주 있다. 개념적인 세계에서 빠져나와야 한다. • 시대보다 너무 앞선 명석한 아이디어를 가질 수 있다. 이 아이디어를 현시대에 어울리게 할 수 있는 방법을 찾아 에너지를 표현해야 한다. • 인내심이 부족하고 한 번에 여러 곳에 에너지를 발산시켜 욕구불만이나 불만족에 빠질 수 있다.	• 정신을 확장하고 개방하기 위한 특별 훈련으로 낙천성과 행복을 끌어들여야 한다. • 태양빛을 듬뿍 받는 휴식이 필요하다. 자신의 지식과 지적인 이해력을 유익하게 사용하고자 하는 욕구가 있어서 만나는 사람을 가르치거나 무언가를 전달하고 싶어 한다. • 타고난 직감과 잠재력, 지혜를 활용하면 노력이 빛을 발할 수 있다.
초록	• 지배적이지도 복종적이지도 않고, 외향적이지도 내향적이지도 않다. 행동하기 전에 심사숙고하기에 자발적으로 나서는 면이 부족하다. 일에 능률적이고 성실하며 집에서는 깔끔하고 단정한 사람이다. 자연의 아름다움과 공원이나 해변처럼 탁 트인 공간을 좋아하고 식물과 꽃 등을 주위에 두고 싶어 한다. 조화, 부드러움, 온화함, 진지함을 발산해야 한다. • 주변 상황이나 사람들에게 지나치게 조심스러운 경향이 있고 스스로 만든 벽을 쉽게 부수지 못한다. • 인생에 대한 태도를 규칙적으로 재평가하고 변화의 필요성에 대해 생각할 필요가 있다.	• 불안감, 환멸, 씁쓸함, 시기심과 질투심 등 감정적인 상처를 달래주어야 한다. • 살면서 자주 위협을 당한다는 느낌을 받고, 연약함을 절감하며 누군가로부터 보호받기를 원한다. • 생각과 마음을 쉽게 털어놓지 못하고 내적인 감정을 억누르는 경향이 있다. • 제한된 상황과 갇힌 느낌을 혐오하고 움츠러들고 망설여질 때 좀 더 감정을 표현하려는 노력이 절실하게 필요하다.	• 편안한 느낌을 주는 사람들과 좀 더 어울리며 새로운 우정을 쌓거나 의미 있는 관계를 만들어야 한다. 이러한 과정을 통해 남에게 베풀 수 있는 유익과 가치를 알게 되고 상실감과 외로움에서 벗어날 수 있게 된다. • 인생에 대한 즐거움을 찾고 죄의식, 원망, 무기력을 줄여야 한다. • 정신을 바짝 차리는 기민함이 필요하고 상황이 자기의 판단을 거치지 않고 흘러가지 않도록 조심한다.

(계속)

	첫 번째 위치에 있을 때	두 번째 위치에 있을 때	세 번째 위치에 있을 때
청록	• 불꽃이 튀는 젊음을 지니며 신선한 아이디어와 상상력을 지니고 있다. • 언제나 침착하고 차분하며 까다로운 사건들도 수월하게 처리하고 두려움 없이 냉철하게 장애물에 대처하며 결단이 빠르고 행동이 확실하다. • 다른 사람에게 목적과 방향의식을 반영시킬 수 있고 뛰어난 통찰력과 능력으로 영적인 길로 더 정진하고자 한다. 대화를 잘 이끌어나가고 자신을 편하게 표현한다. • 영적인 면에 치중하는 경향이 있으므로 비현실성을 극복하고 아이디어를 현실성 있게 만들어야 한다.	• 다른 사람들이 당신의 신선한 에너지에 이끌려 당신의 공간을 침범할 수 있으므로 사람들과 조금 거리를 둘 필요가 있다. 건강한 정체성을 유지하는 방법을 찾아야 한다. • 지나치게 탐닉에 빠져 있다면 몸과 마음, 감정을 깨끗이 정화하고 활력을 찾아야 한다. • 예민한 감수성의 소유자로 내적인 침잠 시간이나 정화를 소홀히 할 경우 내·외적으로 붕괴되어 질병을 얻을 수도 있다.	• 인생에서 닥치는 상황을 모두 도전으로 간주한다. 변화로 인해 삶이 복잡해지고 어지러워지기도 하지만 당연히 변화가 있어야 한다고 생각하고 변화를 위해 감당해야 하는 행동이 개인적인 변화를 만들어준다는 점에서 변화를 환영한다. • 혼란과 두려움, 근심과 불편함, 시련과 장애물을 뛰어넘다 보면 활력과 강인함이 보상으로 따르게 된다. • 한 번 해보자는 도전정신이 있으며 그 움직임과 청록의 에너지가 자신을 새로운 경지로 끌어올릴 것이다.
파랑	• 천성이 부드럽고 온화하며 평화롭다. 소란스럽지 않고 쉽게 흥분하지 않으며 소극적이고 내향적이다. • 자아에 대한 생각을 많이 하며 정신적인 면을 중시하고 진솔하고 믿음직하며 충실하다. • 고요하고 안정된 에너지를 발산하여 사람들이 편안함을 느끼게 한다. • 자신에게 너무 몰입하여 고립되는 경우가 많고, 벌어지는 상황에 적응하지 못하고 자신감을 상실하기도 한다. • 인생에서 질서를 찾고자 하며 지속성과 안전성을 좋아한다.	• 침묵과 지식이 강점이다. • 내면적으로 강렬한 고요와 침묵을 깨뜨릴 필요가 있다. • 깊은 우울증과 의기소침함, 무기력이나 허탈감에 빠질 수 있기 때문에 밖으로 자신을 표현해야 한다. • 뒤로 숨지 말고 앞으로 나아가고 말하는 습관, 자기 표현력을 길러야 균형 있게 발전할 수 있다.	• 세속적이고 현실적인 부분도 중요하게 여길 줄 아는 태도가 필요하다. 삶의 순리를 신뢰해야 한다. • 매일의 현실에 참여하여 일상적인 문제들을 처리해나가야 진정한 아름다움과 자유와 영성을 찾을 수 있다. • 두려움 없이 삶에 참여하고 반응할 수 있는 융통성을 가져야 느긋하고 평화로운 시간 속에서 충만함을 찾을 수 있다.
보라	• 기본적으로 영적인 의식과 인식을 지니고 있으며, 신비로움과 정신적인 세계에 관심이 많다. • 가치 있는 봉사를 하고자 하며 진정한 위엄과 고상함을 가지고 있고 심미적 예술적으로 표현하는 능력이 뛰어나 예술 계통이나 종교 계통, 부와 사치가 결합된 활동을 직업으로 삼을 가능성이 높다. • 설정한 비전을 달성할 수 없다는 자신감 부족에 시달리곤 한다.	• 여러 가지를 통합하여 짜맞추는 능력이 있고 리더십을 타고났다. • 자긍심이 부족하여 정서 불안에 시달릴 수 있다. 주위 사람의 솔직한 피드백을 받아들여야 한다. 피드백이 돌아오지 않으면 자기만의 고독한 공간으로 숨어들 수 있다. 어려운 상황이 닥치더라도 반드시 끝내야 할 일이 있다는 사실을 깨닫고 끈기를 발휘해야 성숙해질 수 있다.	• 타고난 창의성을 발휘하고 자질을 나눠주고 싶어 한다. • 특별한 치료능력이 있으며 그 신념과 직감, 지혜의 능력을 갈고 닦아야 한다. 영적인 능력을 개발해야 실질적으로 사용할 수 있다.
마젠타	• 친절하고 온화하고 사려 깊으며 애정과 따뜻함, 사랑과 연민을 가질 줄 안다. • 인생을 깊이 있게 이해하는 성숙함과 주위 사람을 격려하고 이끌어주려 노력하며 사람들과 협력하는 능력이 뛰어나다. 상냥함과 순수함을 지니고 있다. • 무조건적인 사랑을 발산하는 '세상의 소금' 같은 존재다.	• 주고받는 것 사이의 균형을 찾을 필요가 있다. 자신의 욕구에 소홀한 편이기에 자주 손해를 본다. 주는 것만큼 받는 것도 가치 있는 일이라는 점을 배워야 한다. • 다른 사람을 돕는 것만큼 자신에 대한 사랑과 애정을 표현해야 한다. '예'가 더 쉬운 것 같더라도 '아니오'라고 말할 수 있는 용기를 개발해야 한다.	• 육체적인 추진력과 영적인 면을 혼합할 수 있으며 인류에 유익함을 가져다줄 수 있는 잠재력이 있다. • 자칫 거만하고 지배적인 천성이 드러날 수 있으므로 남보다 우월하다는 상상에 휩쓸리지 말아야 한다. • 독점욕, 타인을 조종하고 다스리려는 성향이 있어 고독한 존재가 될 수 있다. 내면에 있는 여성적이고 부드러운 부분을 밖으로 내보내야 한다.

Activity 5-2   자신의 생활공간이나 패션에서 많이 사용하는 색을 알아보자.

컬러칩										
색 기호										
계통 색명										
관용 색명										

설명(Description)

통찰(Reflection)

피드백(Feedback)

Activity 5-3 CRR에서 선택한 3가지 색으로 셀프 컬러 코디네이션을 해보자.

컬러칩										
색 기호										
계통 색명										
관용 색명										
설명(Description)										
통찰(Reflection)										
피드백(Feedback)										

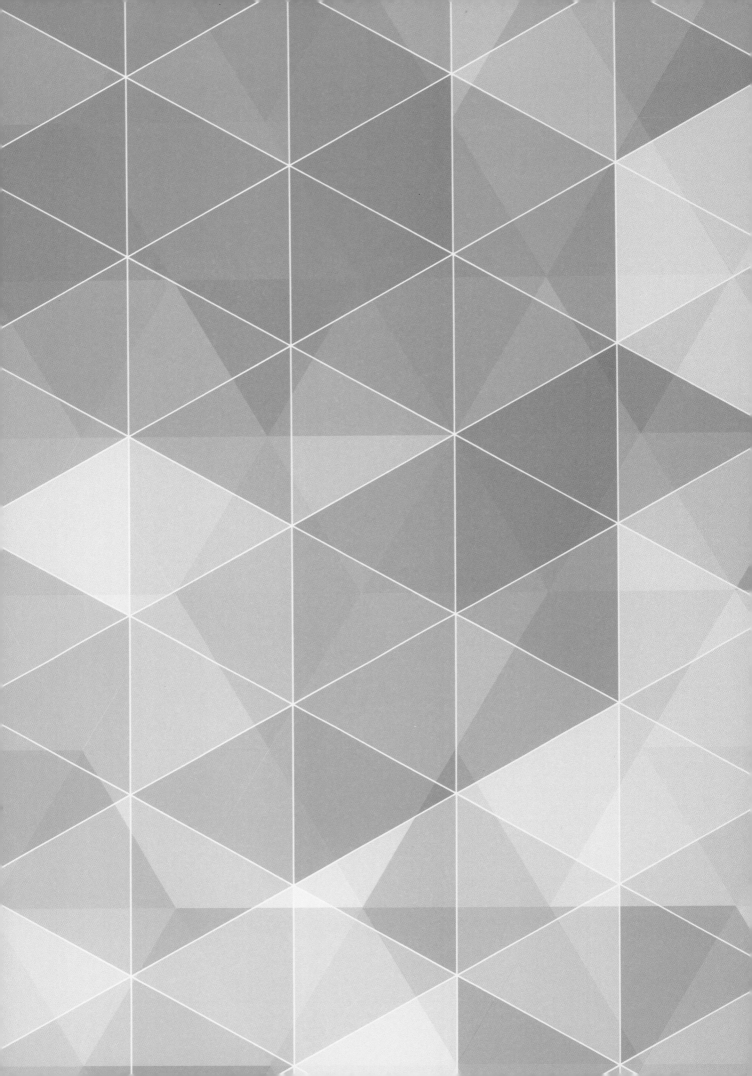

CHAPTER
6

색채 배색

콘트라스트 배색

콘트라스트(Contrast) 배색은 색의 3속성인 색상, 명도, 채도와 톤을 기준으로 대조되는 색의 조합이다.

- 색상 콘트라스트는 보색을 포함한 반대색의 조합으로 보색 배색과 반대색상 배색이 이에 속하며 순색에 가까운 색상끼리의 대비가 일반적이다. 색상 차가 크고 강한 보색 배색은 대담하고 강렬한 효과를 주며 반대색 배색은 보색보다는 약하지만 강렬한 대비로 활력을 준다. 색상환에서 3등분(Triad)을 이루는 3색 배색은 적당하게 분리된 색상들의 조합으로 명쾌하고 개성적인 배색효과를 주며, 4등분(Tetrad)을 이루는 4색 배색은 두 쌍의 보색 조합을 가지는 독특한 배색이다. 5등분(Pentad)을 이루는 5색 배색과 6등분(Hexad)을 이루는 6색 배색은 정육각형의 정점에 이르는 색의 조화이다.
- 명도 콘트라스트는 밝고 어두운 명도 차이를 많이 나게 한 배색으로, 명쾌하고 발랄하며 역동적인 효과를 준다.
- 채도 콘트라스트는 선명하고 탁한 정도의 채도 차이를 많이 나게 한 배색으로 화려하여 시선을 집중시키며 침착한 느낌으로 인위적인 배색효과가 있다.
- 톤 콘트라스트는 톤의 차이를 크게 한 배색이다. 대조톤 배색이라고도 보며 긴장감이 있고 흰색, 검정, 회색의 무채색과 채도가 높은 선명한 색과의 배색도 톤 콘트라스트 배색이라고 한다.

배색 배색이란 어떤 목적에 맞는 감성, 기호를 고려하고 두 가지 이상의 색을 조합하여 단색만으로는 표현할 수 없는 새로운 이미지나 효과를 노리는 것이다. 사용하고자 하는 대상에 대한 목적과 주위 환경을 고려하여 면적, 색의 3속성 등이 조화가 되게 해야 한다. 어떤 색의 조합으로 배색되었느냐에 따라 심리상태가 나타나기도 하는데, 보색 조합은 갈등상태를 나타내며 동계색 배색은 자연스러운 심리상태를 의미한다. 유사색 배색은 많은 면적을 차지하는 색이 주된 감정이 되며, 유채색과 무채색의 배색은 건강하지 못한 상태, 무채색과 무채색 배색 역시 힘들고 우울한 상황을 나타낸다.

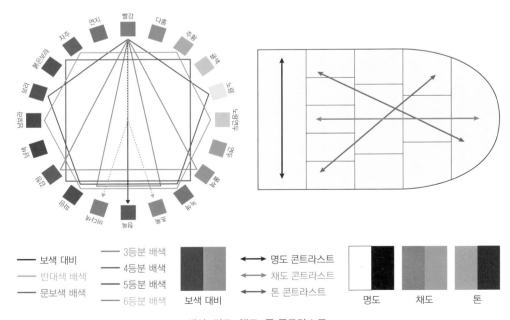

색상, 명도, 채도, 톤 콘트라스트

색상   명도   채도   톤

톤인톤 배색

- 톤인톤(Tone in tone) 배색은 동일톤 배색으로, 동일한 톤의 조합에서 다양한 색상을 사용하여 변화를 주는 배색이다. 톤의 선택에 따라 강하고 약한, 가벼움, 무거움 등의 다양한 이미지를 줄 수 있다. 동일한 톤의 유사색상 조합에서는 부드러운 조화로움을, 다른 색상의 조합에서는 다채로운 조화로움을 느낄 수 있다.
- 톤인톤 배색과 같은 유형인 중명도·중채도인 덜 톤(Dull tone)을 사용한 배색은 토널(Tonal) 배색이라고 하며, 이 배색은 안정되고 편안한 느낌을 준다.

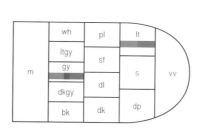

톤온톤 배색

- 톤온톤(Tone on Tone) 배색은 동일색상이나 유사색상의 조합에서 톤의 변화 중 특히 명도 차를 비교적 크게 한 것이다. 무난하면서도 정리된 느낌과 함께 동일색상의 지루함을 환기시키고 톤의 차이를 크게 주어 단조로움을 완화시켜준다.

- 톤온톤 배색과 유사한 배색으로 동일한 색상에서 톤의 변화를 주지만, 색상 간의 차이가 크지 않고 동일한 색상에 유사한 톤을 사용하여 온화하고 부드러운 느낌을 주는 배색을 카마이외(Camaieu) 배색이라고 한다. 카마이외 배색과 거의 동일하나 유사한 색상에서 톤에 변화를 주어 카마이외보다는 색상의 변화를 적게 준 것은 포 카마이외(Faux Camaieu) 배색이라고 한다.

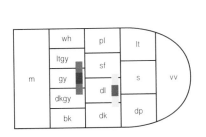

악센트 배색

악센트(Accent) 배색은 단색이나 단조로운 배색에 강조색을 넣은 것이다. 강조색으로는 주조색과 대조적인 색을 사용하는데, 적은 면적에 사용하여 그 부분이 돋보이도록 포인트를 주어 시선을 끄는 매력이 있다.

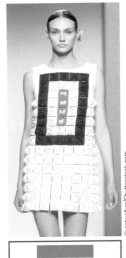

세퍼레이션 배색

세퍼레이션(Separation) 배색은 두 색 혹은 여러 색의 배색이 애매하거나 지나치게 대조되는 경우, 중간에 분리색을 넣어 조화를 이루거나 이미지를 바꾸는 것이다. 색 구분이 모호한 유사 배색에서는 대비되는 색으로 색을 분할하여 명쾌함을 주고, 보색과 같이 강한 배색에서는 주로 무채색의 분리색으로 관계를 완화시키고 안정시킨다.

그러데이션 배색

그러데이션(Gradation) 배색은 단계적으로 서서히 변화하는 배색이다. 주로 색상, 명도, 채도의 변화를 주어 표현하며 점진적 단계를 보여주어 리듬감과 연속성이 느껴지도록 한다.

콤플렉스
배색

콤플렉스(Complex) 배색은 다양한 색과 톤을 사용한 복잡하고 부자연스러운 배색으로 의외성이 있고 친숙하지 않아 다소 어색하고 부담스럽게 느껴질 수 있다. 독특하면서도 개성이 있으며 경쾌함을 부여하는 배색이다.

레피티션
배색

레피티션(Repetition) 배색은 두 가지 이상의 색을 일정하게 반복 사용하여 질서감 있는 조화를 준 것이다. 스트라이프나 체크 패턴이 많이 활용되며 통일감과 융화감이 느껴지게 하는 배색이다.

Activity

6

Activity 6-1

원 안에 색 그림을 자유롭게 표현해보자.

- 눈을 감고 명상을 통해 마음속에서 떠오르는 색 그림을 원 안에 자유롭게 색칠한다(카를 구스타프 융은 원이 자신의 무의식을 표현하며 자기를 찾아가는 개성화 과정이자 내면 세계를 비추는 거울이라고 함). 컬러칩을 붙이고 색 기호, 계통 색명, 관용 색명을 기록한다.
- 원 안의 배색을 구체적으로 설명하고 통찰을 통해 느낌(감정, 감각, 기억)과 생각(의미)을 적고 자기의 내면심리를 알아본다.
- 팀원들과의 피드백을 통해 서로의 느낌과 생각을 나눈다.
  ▷ 재료: 연필, 컬러링 도구, 색지, 가위, 풀

Activity 6-2

감정색, 좋아하는 색, 싫어하는 색을 활용하여 다양한 배색을 표현해보자.

- 자신의 감정을 나타내는 감정 어휘를 적고 감정색지를 붙인다. 감정색을 사용하여 다른 색과의 다양한 조합을 만들어 보고 배색 이미지를 형용사로 표현해본다. 좋아하는 색, 싫어하는 색도 같은 방법으로 표현한다.
- 감정색, 좋아하는 색, 싫어하는 색으로 만든 배색과 이미지를 구체적으로 설명하고 통찰을 통해 느낌(감정, 감각, 기억)과 생각(의미)을 적는다.
- 팀원들과의 피드백을 통해 서로의 느낌과 생각을 나눈다.
  ▷ 재료: 색지, 가위, 풀

Activity 6-3

색채 배색으로 셀프 컬러 코디네이션을 해보자.

- Activity 6-2의 색채 배색 종류 중에서 원하는 배색 방법을 하나 선택한다. 패션 잡지에서 그 배색을 표현하기 위한 패션 아이템을 찾아 셀프 컬러 코디네이션을 하고 사용된 아이템마다 디자이너와 브랜드 이름을 적는다. 색상, 톤, 배색으로 셀프 컬러 코디네이션에 사용한 색을 표시한 후 컬러칩을 붙이고 색 기호, 계통 색명, 관용 색명을 기록한다.
- 셀프 컬러 코디네이션을 구체적으로 설명하고 통찰을 통해 느낌(감정, 감각, 기억)과 생각(의미)을 적고 자신의 내면심리를 알아본다.
- 팀원들과의 피드백을 통해 서로의 느낌과 생각을 나눈다.
  ▷ 재료: 패션 잡지, 색지, 가위, 풀

Activity 6-1   원 안에 색 그림을 자유롭게 표현해보자.

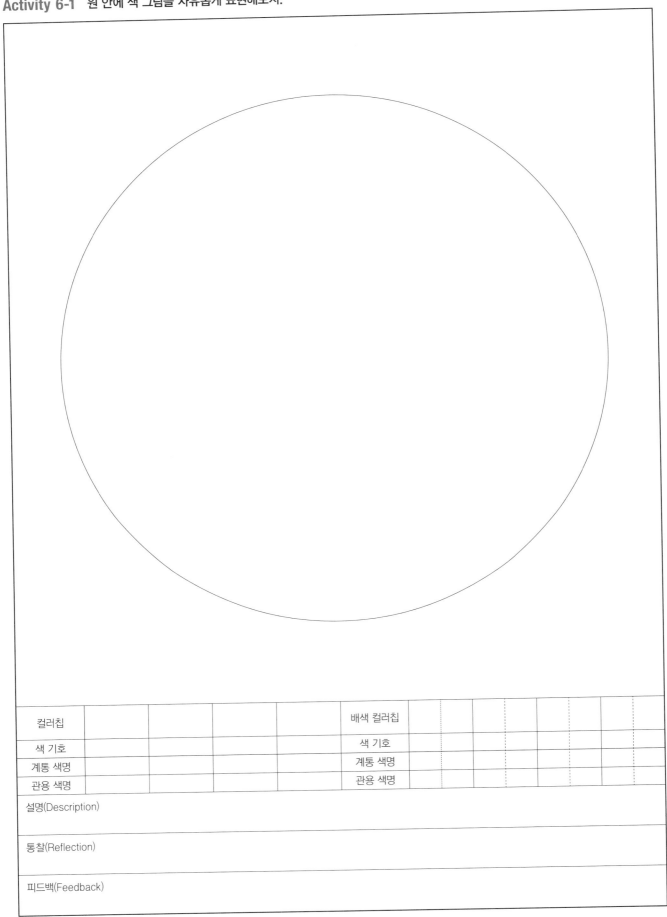

컬러칩				배색 컬러칩						
색 기호				색 기호						
계통 색명				계통 색명						
관용 색명				관용 색명						

설명(Description)

통찰(Reflection)

피드백(Feedback)

Activity 6-2 감정색, 좋아하는 색, 싫어하는 색을 활용하여 다양한 배색을 표현해보자.

감정색

Emotion:

배색 이미지

좋아하는 색

배색 이미지

싫어하는 색

배색 이미지

설명(Description)

통찰(Reflection)

피드백(Feedback)

Activity 6-3 색채 배색으로 셀프 컬러 코디네이션을 해보자.

P	RP	R	YR	Y	GY	G	BG	B	PB

	wh	pl	lt			
m	ltgy	sf		s	vv	
	gy	dl				
	dkgy			dp		
	bk	dk				

컬러칩											
색 기호											
계통 색명											
관용 색명											

설명(Description)

통찰(Reflection)

피드백(Feedback)

CHAPTER

7

컬러 이미지
스케일

컬러 이미지 스케일은 색채의 일반적이고 공통적인 이미지를 웜-쿨(Warm-cool)과 소프트-하드(Soft-hard)축의 공간에다가 형용사 어휘, 색과 함께 배치시킨 것이다. 이를 통해 색의 위치와 그에 따른 이미지 차이를 한눈에 파악할 수 있다. 가로축의 웜-쿨은 난색에서 한색 계열로 나타나며 색상의 영향을 많이 받는다. 세로축의 소프트-하드는 부드러운 이미지의 밝은 톤에서 중심부의 수수한 톤을 거쳐 다크 톤으로 분포되며 명도의 영향을 많이 받는다. 흰색, 회색, 검정의 그레이 스케일은 소프트-하드축에서 움직이며 흰색에 가까울수록 차가운 이미지가 증가한다. 이미지 스케일에서 색상 간의 거리가 멀면 이미지의 차이가 크고, 가까울수록 이미지가 유사하다. 중심부는 채도가 낮고 차분하며 온화한 색으로 구성되어 있다.

- 소프트와 쿨의 공간에는 산뜻한, 순수한, 깨끗한 등의 클리어한 이미지와 젊은, 스포티한, 빠른 등의 쿨 캐주얼 이미지가 위치한다. 미래성을 표현하기에 효과적이다.
- 소프트와 웜의 공간에는 달콤한, 귀여운 등의 프리티 이미지와 즐거운, 선명한 등의 캐주얼한 이미지와 함께 자연적인, 건강한, 편안한 등의 내추럴한 이미지가 위치한다. 친숙한 느낌과 접촉성을 표현하기에 효과적이다.
- 웜과 하드의 공간에는 활동적인, 역동적인, 화려한 등의 다이나믹한 이미지와 매력적인, 요염한 등의 고저스 이미지, 이외에도 전통적인, 중후한, 보수적인 등의 클래식 이미지가 위치한다. 역동성을 표현하기에 효과적이다.
- 하드와 쿨의 공간에는 세련된, 회색빛의 시크한 이미지와 함께 멋진, 격조 있는, 남성적인 등의 댄디한 이미지, 그리고 현대적인, 도시적인, 이지적인 등의 모던한 이미지가 위치한다. 신뢰성을 표현하기에 효과적이다. 두 축의 중심에는 절제된 이미지의 정숙한, 고상한, 우아한, 품위 있는 등 엘리건트한 이미지가 자리 잡고 있다.

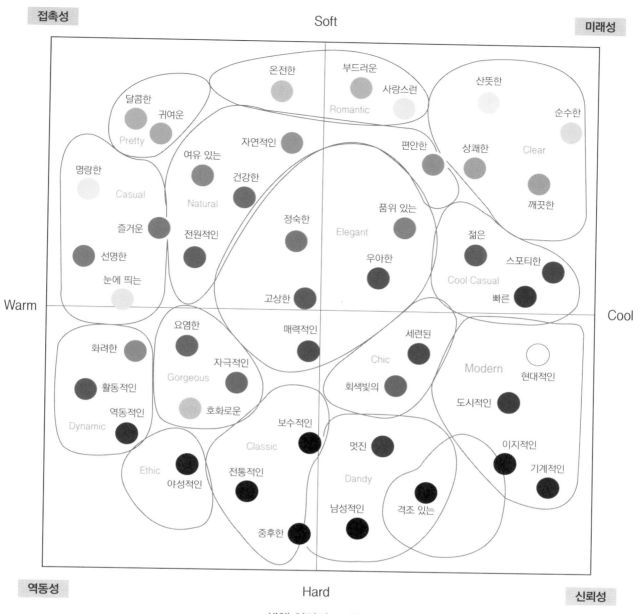

색채 이미지 스케일

Activity

7

Activity 7-1
가족 또는 주위 사람들을 색으로 표현하고 컬러 포지셔닝을 해보자.

- 눈을 감고 명상을 통해 마음속에 떠오르는 가족 또는 주위 사람들을 관계란에 적고 그들에 해당하는 색을 정하여 원에 컬러칩을 붙인다. 사용된 색들을 컬러 이미지 스케일에 포지셔닝을 한다. 컬러칩을 붙이고 색 기호, 계통 색명, 관용 색명을 기록한다.
- 가족 또는 주위 사람들을 표현한 색에 대하여 구체적으로 설명하고 통찰을 통해 느낌(감정, 감각, 기억)과 생각(의미)을 적는다.
- 팀원들과의 피드백을 통해 서로의 느낌과 생각을 나눈다.
▷ 재료: 색지, 가위, 풀

Activity 7-2
기억 속에 떠오르는 '권위적인' 사람을 표현해보자.

- 자기에게 권위적으로 기억되는 사람이 누구인지 떠올려보고 패션 잡지에서 그 사람을 표현할 수 있는 아이템 사진을 찾아 붙인다(자신이 경험했던 권위에 대한 사고와 행동은 내면에 무의식적으로 상처가 될 수 있다. 권위적인 사람에 대한 상처를 표현하는 것은 자아상을 회복하는 데 도움을 준다). 사용한 컬러를 색상, 톤, 컬러 포지셔닝을 한다. 컬러칩을 붙이고 색 기호, 계통 색명, 관용 색명을 기록한다.
- 권위적 이미지에 대하여 구체적으로 설명하고 통찰을 통해 자기 내면의 상처에 대한 느낌(감정, 감각, 기억)과 생각(의미)을 적는다.
- 팀원들과의 피드백을 통해 서로의 느낌과 생각을 나눈다.
▷ 재료: 패션 잡지, 색지, 가위, 풀

Activity 7-3
자신이 원하는 권위적인 이미지로 셀프 컬러 코디네이션을 해보자.

- 자신이 원하는 권위적 이미지의 표현에 적합한 패션 아이템으로 셀프 컬러 코디네이션을 하고 사용된 아이템마다 디자이너와 브랜드 이름을 적는다. 셀프 컬러 코디네이션에 사용한 컬러를 색상, 톤, 컬러 포지셔닝을 한다. 컬러칩을 붙이고 색 기호, 계통 색명, 관용 색명을 기록한다.
- 셀프 컬러 코디네이션에 대하여 구체적으로 설명하고 통찰을 통해 느낌(감정, 감각, 기억)과 생각(의미)을 적는다.
- 팀원들과의 피드백을 통해 서로의 느낌과 생각을 나눈다.
▷ 재료: 패션 잡지, 색지, 가위, 풀

Activity 7-1 가족 또는 주위 사람들을 색으로 표현하고 컬러 포지셔닝을 해보자.

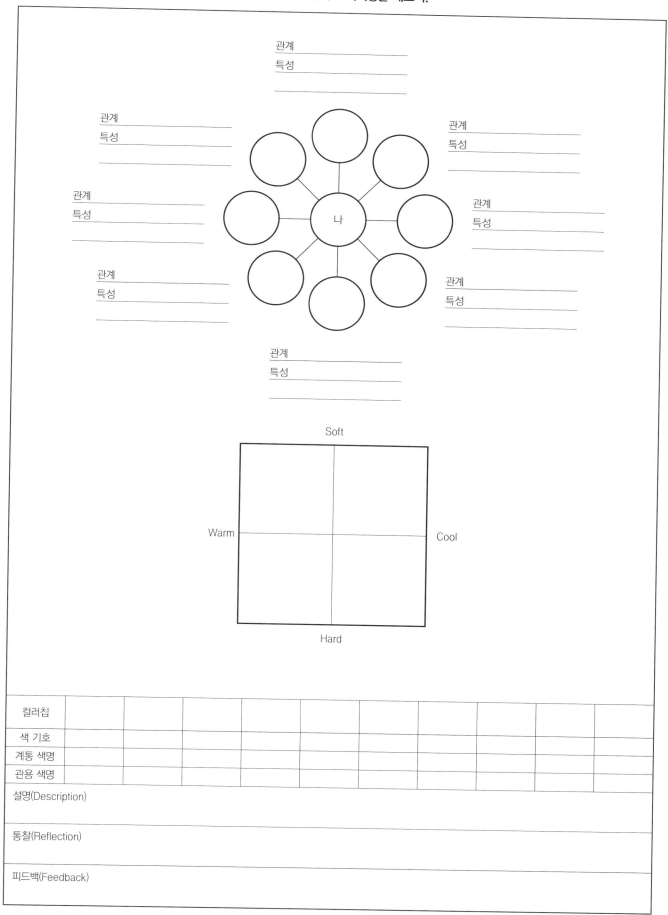

관계 _____
특성 _____
_____

관계 _____
특성 _____
_____

관계 _____
특성 _____
_____

관계 _____
특성 _____
_____

관계 _____
특성 _____
_____

관계 _____
특성 _____
_____

관계 _____
특성 _____
_____

관계 _____
특성 _____
_____

나

Soft

Warm

Cool

Hard

컬러칩									
색 기호									
계통 색명									
관용 색명									

설명(Description)

통찰(Reflection)

피드백(Feedback)

Activity 7-2 기억 속에 떠오르는 '권위적인' 사람을 표현해보자.

Soft

Warm — Cool

Hard

컬러칩									
색 기호									
계통 색명									
관용 색명									

설명(Description)

통찰(Reflection)

피드백(Feedback)

Activity 7-3 자신이 원하는 권위적인 이미지로 셀프 컬러 코디네이션을 해보자.

	wh	pl	lt
	ltgy	sf	
m	gy		s	vv
	dkgy	dl	
	bk	dk	dp

Soft

Warm   Cool

Hard

컬러칩									
색 기호									
계통 색명									
관용 색명									

설명(Description)

통찰(Reflection)

피드백(Feedback)

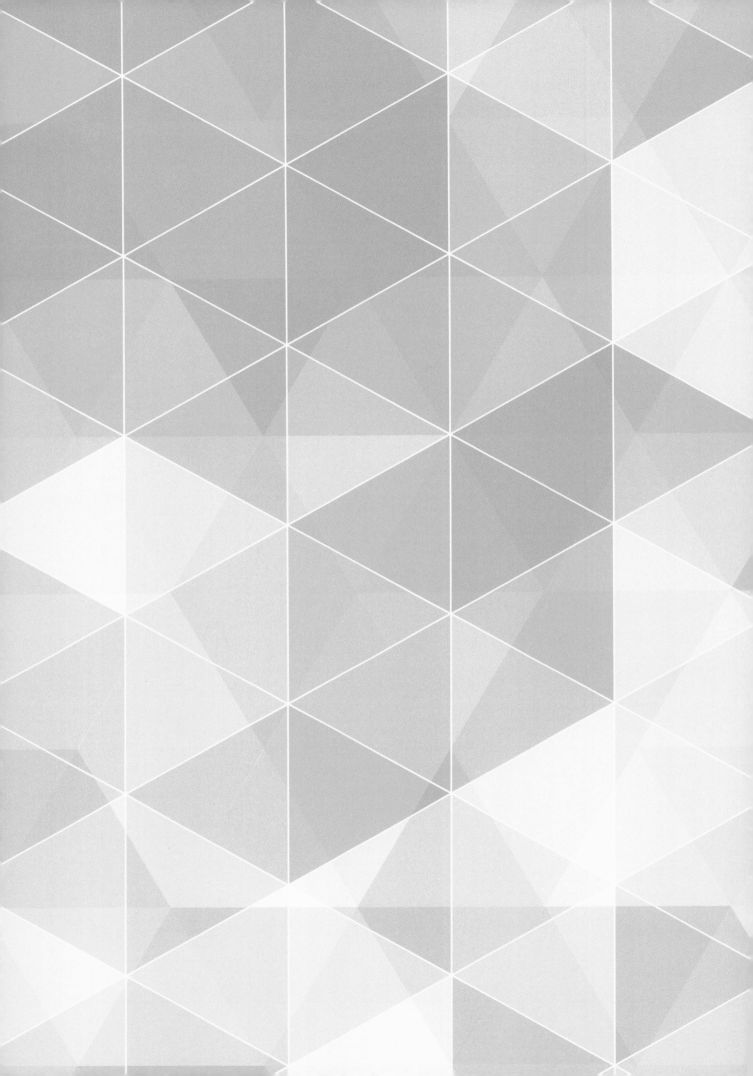

CHAPTER

8

퍼스널 컬러

사람은 일반적으로 옷을 사거나 입을 때 자신이 좋아하는 색의 옷을 선택한다. 그러나 좋아하는 색이라고 해서 자신에게 잘 어울리는 색이라는 의미는 아니다. 자기에게 어울리는 색을 찾아 입었을 때 훨씬 젊어 보이고 조화로우며 밝고 건강한 이미지와 함께 자신감 있는 나를 연출할 수 있다.

퍼스널 컬러 시스템은 톤의 분류를 통해 자기에게 어울리는 색을 진단하는 방법으로, 색채 이론가 요하네스 이텐(Johannes Itten)의 연구를 바탕으로 만들어진 것이다. 이 시스템은 1940년에 수잔 카질이 피부색, 모발색, 눈동자색으로 퍼스널 컬러를 진단하는 시스템을 개발하기 시작하였고 국내에는 1990년 초에 유입되어 본격화되었다.

퍼스널 컬러는 신체가 가진 피부색, 모발색, 눈동자색 등을 분석하고 이를 기준으로 어울림 여부를 진단하는 것이다. 어울리는 색은 피부색이 밝고 투명하게 보이도록 하며, 어울리지 않는 색은 피부색이 칙칙하고 어두워 보이게 한다.

피부색은 멜라닌 색소, 카로틴 색소, 헤모글로빈 색소로 구성되어 있다. 흑인들은 멜라닌 색소가 많아 피부가 갈색이나 황갈색을 띠고, 황인들은 카로틴이 많아 노란색을 띤다. 백인들은 헤모글로빈이 많아 피부가 붉고 창백하다. 모발색은 멜라닌 색소의 양에 따라 달라지는데 동양인의 경우는 검정, 회색, 갈색으로 분류된다. 눈동자색은 홍채색을 말하는데 서양인은 청색, 회색, 갈색 등 다양한 색이 존재하나 한국인들은 일반적으로 브라운 계열의 눈동자색을 지니고 있다.

3 베이스 컬러 시스템

3 베이스 컬러 시스템(Three Base Color System)은 피부의 기본 톤을 옐로 베이스, 블루 베이스, 노 베이스로 분류해서 분석하는 시스템이다. 색의 대비는 주로 피부색과 모발색의 명도 차이를 중심으로 결정된다. 대비 정도에 따라 라이트, 비비드, 그레이시, 다크로 구분된다. 라이트 타입은 명도 차가 적고 대비가 심하지 않으며, 비비드 타입은 얼굴색이 희고 모발색이 짙은 유형으로 명도 차이와 대비가 심하다. 그레이시 타입은 회색의 중명도로 탁하고 광택감이 없으며 대비가 별로 심하지 않다. 다크 타입은 명도 차이가 별로 나지 않고 중간보다는 대비가 심한 편이다.

옐로 베이스

옐로 베이스(Yellow base)는 노란 기미가 있는 웜 색상이 어울리는 타입으로 따뜻한, 건강한, 친숙한 이미지를 준다. 오클 계열과 오렌지 계열의 피부색을 띠며 전반적으로 오렌지나 브라운 계열의 모발색을 가지고 있다. 패션을 연출할 때는 차가운 계열의 푸른 기미가 있는 색상이나 실버 계열은 피해야 하며, 노란색 기미가 있는 따뜻한 색과 골드가 어울린다.

옐로 베이스

라이트 타입

- 패션: 밝은 노란 기미가 있는 파스텔 계열
- 메이크업: 베이지, 오렌지 계열
- 액세서리: 부드러운 골드

비비드 타입

- 패션: 오렌지 계열, 노란 기미의 선명한 색
- 메이크업: 오렌지 계열
- 액세서리: 광택감 있는 골드

© catwalker/Shutterstock.com

- Hair: ● Burnt Orange, ● Yellow Ocher
- Eye: ● Beige, ● Tea Green, ● Copper
- Cheek: ● Peach, ● Sun Tan
- Lip: ● Orange Pink, ● Teracotta, ● Spicy Red
- Nail: 🔺🔺🔺🔺
- 푸른 기미의 색상은 피함, 골드 계열의 액세서리가 어울림

그레이시 타입

- 패션: 소프트하고 수수한 색
- 메이크업: 베이지, 브라운 계열
- 액세서리: 매트한 골드

© Dmitry Abaza/Shutterstock.com

다크 타입

- 패션: 브라운 계열과 다크한 색
- 메이크업: 오렌지와 브라운 계열
- 액세서리: 깊이감 있는 골드

© FashionStock.com/Shutterstock.com

블루 베이스

라이트 타입	
	• 패션: 밝은 블루 기미의 파스텔 계열 • 메이크업: 펄이 들어간 파스텔 계열 • 액세서리: 섬세한 디자인의 실버

비비드 타입	
	• 패션: 푸른 기미가 있는 선명한 색, 대비가 강한 것 • 메이크업: 블루 베이스 색상, 짙은 눈매 • 액세서리: 광택과 볼륨감이 있는 실버

- Hair: ● Black, ● Wine, ◐ Gray
- Eye: ● Sky Blue, ● Lavender, ● Cocoa
- Cheek: ● Pale Pink, ● Cocoa
- Lip: ● Pale Pink, ● Wine, ● Rose
- Nail: ▲▲▲▲▲
- 노란 기미의 색상은 피함, 실버 계열의 액세서리가 어울림

그레이시 타입	
	• 패션: 블루 베이스 색상의 수수한 색 • 메이크업: 블루 베이스 색상의 내추럴 메이크업 • 액세서리: 매트한 실버

© Nata Sha/Shutterstock.com

다크 타입	
	• 패션: 다크한 색과 검정 • 메이크업: 블루 베이스 색상의, 깊이 있는 와인 계열 • 액세서리: 투명감이 느껴지는 실버

노 베이스

라이트 타입	
⬤⬤⬤⬤ ⬤⬤⬤⬤	밝은 파스텔 계열

© FashionStock.com/Shutterstock.com

비비드 타입	
⬤⬤⬤⬤ ⬤⬤⬤⬤	선명한 톤으로 대비가 강한 배색

• Hair: ⬤ Dark Brown, ⬤ Dark Red
• Eye: ⬤ Light Yellow, ⬤ Light Green, ⬤ Moca
• Cheek: ⬤ Pink, ⬤ Cinnamon
• Lip: ⬤ Pink, ⬤ Beige Pink, ⬤ Red
• Nail: 🔺🔺🔺
• 옐로·블루 베이스 둘 다 활용 가능

그레이시 타입	
⬤⬤⬤⬤ ⬤⬤⬤⬤	그레이시한 부드러운 색

© FashionStock.com/Shutterstock.com

다크 타입	
⬤⬤⬤⬤ ⬤⬤⬤⬤	깊이감이 있는 다크한 색상

© FashionStock.com/Shutterstock.com

블루 베이스

블루 베이스(Blue base)는 푸른 기미가 있는 쿨 색상이 어울리는 타입으로 차가운, 지적인, 도시적인 여성의 이미지를 갖고 있다. 베이지나 로즈색의 피부색을 띠며 기본적으로 검정의 매트하거나 백발이 섞여 있는 모발을 가지고 있다. 패션 연출 시에는 노란 기미가 있는 색상과 골드 계열은 피하고 푸른 기미가 있는 차가운 색과 실버, 검정을 사용한다.

노 베이스

노 베이스(No base)는 옐로 베이스와 블루 베이스 중 어디에도 속하지 않는 타입으로 중간적인, 오소독스한, 균형이 잡힌 이미지를 주며 뉴트럴의 내추럴한 피부색과 흑갈색이나 와인 계열의 모발색을 지닌다. 패션 연출 시에는 옐로 베이스와 블루 베이스의 색상을 모두 사용하여 연출할 수 있다.

시즌 컬러 시스템

시즌 컬러 시스템(Season Color System)은 피부톤을 옐로 베이스, 블루 베이스로 분류하여 그 톤을 중심으로 봄, 여름, 가을, 겨울 타입으로 나눈 것이다.

봄 타입

옐로 베이스에 속하는 봄(Spring) 타입은 화사하고 귀엽고 발랄하고 상큼한 이미지로 젊고 건강한 인상을 준다. 피부색은 노르스름하며 표현이 매끄러우면서도 투명하고, 모발색은 윤기가 나는 갈색으로 얇고 부드러우며, 눈동자색은 생동감이 있는 밝은 갈색이다.

여름 타입

블루 베이스에 속하는 여름(Summer) 타입은 부드럽고 온화하며 우아한 이미지로 상냥하고 이지적인 인상을 준다. 피부색은 분홍빛으로 붉어지기 쉬우며, 모발색은 윤기 없이 건조한 회색 기미의 갈색이고, 눈동자색은 여성스럽고 부드러운 갈색이다.

시즌 컬러 시스템

봄 타입(라이트, 비비드)	
	• 패션: 노란 기미가 있는 난색 계열의 선명하고 밝은 톤 • 메이크업: 밝은 오렌지 계열, 피치핑크 • 액세서리: 화려하지 않은 라이트 톤의 보석과 핑크골드

© FashionStock.com/Shutterstock.com

여름 타입(라이트, 그레이시)	
	• 패션: 한색 계통의 밝은 톤과 수수한 톤, 차가운 느낌의 핑크 계열과 빛바랜 색상 • 메이크업: 파스텔의 블루나 퍼플 계열, 누드핑크 • 액세서리: 그레이시 계열, 크리스털과 실버 제품

© Nata Sha/Shutterstock.com

옐로 베이스

블루 베이스

가을 타입(그레이시, 다크)	
	• 패션: 노랑을 기본으로 명도와 채도가 낮은 수수한 톤의 깊이 있는 색 • 메이크업: 오렌지나 브라운 계열 • 액세서리: 무게감 있는 브론즈나 골드

© Dmitry Abaza/Shutterstock.com

겨울 타입(비비드, 다크)	
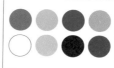	• 패션: 푸른 기미가 있는 화려한 톤으로 대비가 강한 색이나 검정 또는 흰색 • 메이크업: 딥블루나 검정, 와인 계열 • 액세서리: 심플한 검정, 볼륨감 있는 실버

가을 타입

옐로 베이스에 속하는 가을(Autumn) 타입은 따뜻하고 깊이가 있으며 차분한 이미지로 성숙하고 조용한 인상을 준다. 피부색은 노르스름한 갈색이고 윤기나 혈색이 눈에 띄지 않는다. 모발색은 윤기가 없는 짙은 갈색과 붉은 광택이 나는 검정이고, 눈동자색은 그윽한 느낌의 짙은 갈색과 검정이다.

겨울 타입

블루 베이스에 속하는 겨울(Winter) 타입은 도회적이고 개성적이며 강렬하고 세련된 이미지로 차갑고 도시적인 인상을 준다. 피부색은 차갑고 창백한 느낌의 푸른빛이며 얇고 투명한 편이다. 모발색은 푸른빛의 짙은 갈색과 검정이며, 눈동자색은 짙은 회갈색이나 검정이다.

Activity

8

마음속에 떠오르는 자화상을 그려보자.

- 눈을 감고 명상을 통해 마음속에 떠오르는 자기의 얼굴을 자유롭게 그린다. 연필로 라인 드로잉(line drawing)을 하고 사진을 찍은 후 색연필 등 컬러링 도구를 사용하여 색칠한다. 색칠한 자화상 옆에 라인 드로잉 한 사진을 출력하여 붙인다. 컬러칩을 붙이고 색 기호, 계통 색명, 관용 색명을 기록한다.

- 자화상에 대하여 구체적으로 설명하고 통찰을 통해 느낌(감정, 감각, 기억)과 생각(의미)을 적는다.

- 팀원들과의 피드백을 통해 서로의 느낌과 생각을 나눈다.

▷ 재료: 거울, 연필, 컬러링 도구, 색지, 가위, 풀

자신의 퍼스널 컬러 타입을 알아보고 타입에 따른 이미지 맵을 만들어보자.

- 자신의 얼굴 사진 2장을 준비하여 한 장은 붙이고 다른 한 장에서 자기의 피부색, 모발색, 눈동자색을 붙이고 각각에 해당하는 색지를 찾아 붙인다. 자기의 퍼스널 컬러 타입을 적은 후 자기에게 어울리는 파운데이션, 아이섀도, 립스틱, 치크색을 찾아서 붙이고 자기의 퍼스널 컬러 타입에 어울리는 패션 사진을 찾아 이미지 맵을 만든다.

- 퍼스널 컬러 타입과 이미지 맵에 대하여 구체적으로 설명하고 통찰을 통해 느낌(감정, 감각, 기억)과 생각(의미)을 적는다.

▷ 재료: 얼굴사진 2장, 패션 잡지, 색지, 가위, 풀

자기의 퍼스널 컬러 타입에 따른 셀프 컬러 코디네이션을 해보자.

- Activity 8-2의 퍼스널 컬러 타입에 적합한 패션 아이템을 패션 잡지에서 찾아 자기를 위한 셀프 컬러 코디네이션을 하고 사용된 아이템마다 디자이너와 브랜드 이름을 적는다. 컬러칩을 붙이고 색 기호, 계통 색명, 관용 색명을 기록한다.

- 셀프 컬러 코디네이션을 구체적으로 설명하고 통찰을 통해 느낌(감정, 감각, 기억)과 생각(의미)을 적는다.

- 팀원들과의 피드백을 통해 서로의 느낌과 생각을 나눈다.

▷ 재료: 패션 잡지, 색지, 가위, 풀

마음속에 떠오르는 자화상을 그려보자.

컬러칩									
색 기호									
계통 색명									
관용 색명									

설명(Description)

통찰(Reflection)

피드백(Feedback)

자신의 퍼스널 컬러 타입을 알아보고 타입에 따른 이미지 맵을 만들어보자.

퍼스널 컬러 타입

얼굴 사진

피부색	
자기 사진	색지

눈동자색	
자기 사진	색지

헤어색	
자기 사진	색지

타입

	파운데이션색	아이섀도색	립스틱색	치크색
컬러칩				
색 기호				
계통 색명				
관용 색명				

타입에 따른 이미지 맵

설명(Description)

통찰(Reflection)

피드백(Feedback)

자기의 퍼스널 컬러 타입에 따른 셀프 컬러 코디네이션을 해보자.

컬러칩										
색 기호										
계통 색명										
관용 색명										
설명(Description)										
통찰(Reflection)										
피드백(Feedback)										

CHAPTER
9

패션 컬러
트렌드

감성을 자극하는 시각적 요소 중 가장 두드러지는 것이 바로 색이다. 색의 기호는 개인의 선호, 감성, 경험 등에 따라 각각 다르지만 패션에서만큼은 개인의 선호뿐 아니라 유행색이 트렌드에 막대한 영향을 미친다. 어떤 색이 유행할지에 관한 컬러 트렌드 예측은 디자인 및 상품 기획에서 매우 중요하다. 패션은 유행에 민감하며 빠르고 다양하게 변화하기 때문에 색의 변화로 흐름을 예측할 수도 있다.

컬러 트렌드는 패션 트렌드 관련 정보 중 가장 먼저 발표되는 것으로 각국의 컬러정보원들이 경기 동향, 사회·문화적 배경, 생활 의식, 색채 변화, 소비자 흐름, 관련 업체의 매출, 대중 선호색 등 다양한 정보를 감안하여 결정하게 된다.

1963년 9월, 프랑스 파리에 본부를 두고 설립된 세계유행색협회(International commission for fashion and textile colours)는 24개월 후의 유행색을 결정·발표한다. 현재 연 2회 회원국가의 도시에서 회의가 진행되며, 회원국의 제안 컬러를 통해 각국 대표자 회의를 거쳐 시즌 콘셉트와 컬러를 결정·제안한다. 이후 18개월 전 각국의 색채정보기관에서 각국의 유행색을 발표하게 된다. 국내에 제안되는 트렌드 컬러는 인터 컬러의 결정색과 주요 전시회의 트렌드 컬러의 영향을 받아 전개되며, 이를 통해 국내 패션 브랜드가 다음 시즌 제품의 컬러를 선정하게 된다.

컬러 관련 정보회사나 연구소 등에서도 매년 컬러 트렌드를 제공하며, 이러한 정보는 상품 기획 등 마케팅에서 매우 중요하게 활용된다.

패션 트렌드 정보원

시기	패션 컬러 정보
24개월 전	세계유행색협회(www.intercolor.nu)
18개월 전	• Swiss Textile Federation 스위스(www.swisstextiles.ch) • DMI 독일 (www.deutschesmodeinstitut.de) • JAFCA 일본(www.jafca.org) • CFC 프랑스(www.comitefrancaisdelacouleur.com) • Italian Color Insight 이탈리아(www.colorcoloris.com) • CFT 한국(www.cft.or.kr) • CEW 미국(www.cew.org)
12개월 전	• 삼성패션연구소(www.samsungdesign.net) • 인터패션플래닝(www.ifp.co.kr) • 패션넷코리아(www.fashionnetkorea.com) • I.R.I색채연구소(www.iricolor.com)

2016 F/W Color Trend	2017 S/S Color Trend

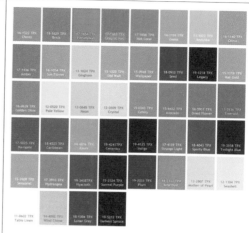

Color Changing Point

- 레드: 화산 분출의 강렬함을 다크하고 강한 빨강으로 표현. 생명력이 넘치는 페스티벌 느낌의 핑크와 로즈, 액티브하고 자유로운 감성의 스칼렛 & 차콜
- 옐로: 러스트 옐로(Rust yellow)와 초콜릿(클래식하고 인더스트리얼의 감성). 인센트 오렌지 & 폴른(의식을 행하는 향이나 음식의 풍미), 빈티지 옐로 & 골드 브라운, 올리브와 장소의 빈티지 & 로맨틱한 감성
- 그린: 민트와 에메랄드, 카키 & 올리브(자연). 피트니스와 웰빙의 리듬을 바이탈 그린 & 라이트 그린, 네온과 함께 표현
- 블루: 다양한 톤의 블루(소프트 & 테크니컬), 옐로이시 블루(성스러움과 감각적인 염료), 이국적인 바다의 느낌을 주는 그리니시 블루
- 바이올렛, 퍼플: 초현실적인 느낌을 주는 다양한 빛깔과 톤의 바이올렛 & 퍼플. 심오하고 깊은 감성을 다크한 바이올렛으로 표현. 브라이트, 다크, 라이트 핑크 & 퍼플 & 바이올렛으로 장식적이고 화려한 새로운 맥시멀리즘을 표현
- 모노크롬: 강약을 통한 빛의 콘트라스트를 통해 나타나는 빛깔과 톤의 자연스러운 연결을 통해 로(Low)하고 더스티(Dusty)한 감각, 의식적이고 창의적인 감성을 표현

Color Changing Point

- 레드: 이 시즌의 중요한 키 컬러로 제안됨. 와인부터 스칼렛, 코스메틱의 색에 이르기까지 폭넓게 제안됨. 다크한 감성 혹은 로(Low)하지만 고급스러운 감성으로 표현
- 옐로: 지난 시즌 대비 축소되어 나타남. 그린의 영향을 받은 컬러.
- 브라운: 코퍼(Copper), 스톤(Stone), 골드를 표현하는 다소 페이드되어 있고 산화된 느낌의 색
- 그린: 지난 몇 시즌 동안 강세를 보였던 올리브와 카키가 줄어들고 톡식 그린(Toxic green)에서 인위적인 그린(Artificiality green), 틸 그린(Teal green) 등으로 다채로워짐
- 블루: 상당히 축소됨. 빈티지한 느낌의 블루와 다크, 인위적인 컬러
- 바이올렛, 퍼플 & 핑크: 이 시즌에 확대되어 제안. 다크한 감성부터 브라이트(Bright)한 컬러. 여러 컬러들을 중화시켜주는 다소 탁한 컬러
- 모노크롬: 지난 시즌에 정점을 찍고 다소 축소되어 표현. 그레이와 블랙이 주요한 키 컬러

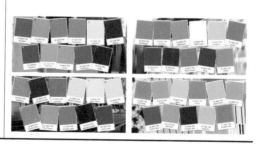

자료: (재)한국컬러앤드패션트렌드센터(CFT)

Activity

9

Activity 9-1
그림 자극물에서 2가지 요소를 사용하여 이야기를 상상하고 그려보자.

- 그림 자극물 중에 2가지 요소를 사용하여 상상한 그림을 그리고 이야기를 만든다. 그림은 변형이 가능하다(이것은 그림자극물을 사용하여 이야기를 만들어 봄으로써 마음이나 언어를 표현하기 힘든 사람의 부담감을 덜고 그림으로 자기를 쉽게 표현할 수 있게 함). 자기가 만든 이야기 그림 속에 표현된 색들을 붙이고 색 기호, 계통 색명, 관용 색명을 기록한다.
- 이야기 그림의 테마를 정하여 구체적으로 설명하고 통찰을 통해 느낌(감정, 감각, 기억)과 생각(의미)을 적는다.
- 팀원들과의 피드백을 통해 서로의 느낌과 생각을 나눈다.
- ▷ 재료: 연필, 컬러링 도구, 색지, 가위, 풀

Activity 9-2
컬러 트렌드 테마에 따른 이미지 맵을 만들어보자.

- 최근 컬러 트렌드에 제시된 테마 중 하나를 선택한다. 테마에 적합한 이미지 사진과 패션 스타일 사진으로 이미지 맵을 만든다. 이미지 맵에 나타난 색들의 컬러칩을 붙이고 색 기호, 계통 색명, 관용 색명을 기록한다.
- 이미지 사진과 패션 스타일을 구체적으로 설명하고 통찰을 통해 느낌(감정, 감각, 기억)과 생각(의미)을 적는다.
- 팀원들과의 피드백을 통해 서로의 느낌과 생각을 나눈다.
- ▷ 재료: 패션 잡지, 색지, 가위, 풀

Activity 9-3
컬러 트렌드 테마에 따른 셀프 컬러 코디네이션을 해보자.

- Activity 9-2에서 선택한 컬러 트렌드 테마를 잘 표현할 수 있는 패션 아이템을 찾아 셀프 컬러 코디네이션을 하고 사용된 아이템마다 디자이너와 브랜드 이름을 적는다. 컬러칩을 붙이고 색 기호, 계통 색명, 관용 색명을 기록 한다.
- 셀프 컬러 코디네이션을 구체적으로 설명하고 통찰을 통해 느낌(감정, 감각, 기억)과 생각(의미)을 적는다.
- 팀원들과의 피드백을 통해 서로의 느낌과 생각을 나눈다.
- ▷ 재료: 패션 잡지, 색지, 가위, 풀

Activity 9-1 그림 자극물에서 2가지 요소를 사용하여 이야기를 상상하고 그려보자.

컬러칩										
색 기호										
계통 색명										
관용 색명										
설명(Description)										
통찰(Reflection)										
피드백(Feedback)										

자료: 로레이 실버(Rawley Silver, 2002)의 그림검사를 참고로 하였음.

컬러 트렌드 테마에 따른 이미지 맵을 만들어 보자.

컬러칩										
색 기호										
계통 색명										
관용 색명										

설명(Description)

통찰(Reflection)

피드백(Feedback)

Activity 9-3 컬러 트렌드 테마에 따른 셀프 컬러 코디네이션을 해보자.

테마:

컬러칩									
색 기호									
계통 색명									
관용 색명									

설명(Description)

통찰(Reflection)

피드백(Feedback)

CHAPTER
10

패션 색채 계획

색채 계획은 개인의 일상생활이나 상품 기획 등에서 색채를 효과적으로 활용하기 위해 수행하는 작업이다. 패션에서의 색채 계획은 방향을 설정하고 컬러 트렌드를 분석한 후, 컬러 콘셉트를 설정하기 위한 컬러 테마를 정하고, 이미지 맵을 작성한다. 마지막으로 메인 컬러(Main color), 서브 컬러(Sub color), 악센트 컬러(Accent color)와 배색을 선정하여 최종 컬러를 선정하게 된다.

패션 색채 계획 과정

패션 색채의 종류는 다음과 같다.

- 기본색(Standard color): 기본적인 유행색으로 많은 사람이 선호하여 널리 사용되는 기본색이다.
- 화제색(Topic color): 지금까지 없던 새로운 화제가 되는 신선한 색으로 하이패션 등에 새롭게 등장하는 색이다.
- 시장 인기색(Popular color): 대중에게 인기가 있고 비교적 잘 팔리는 색이다.
- 대량 유통색(Style color): 대량으로 생산·유통되며 널리 대중에게 선호받으며 사용되는 색이다.
- 예측 유행색(Forecast color): 사회, 경제, 인간 심리의 동향 등에서 예측되는 것으로 가까운 장래에 유행할 것으로 추측되는 색이다.
- 기조색(Promotion color): 유행색 구성의 기본이 되는 색이다.
- 활용색(Direction color): 기조색에서 파생·분리되어 생겨난 색의 그룹으로 자세한 경향을 나타내고 실제로 활용되는 것을 목적으로 하는 유행색이다.

Activity

10

Activity 10-1
마음속에 떠오르는 자신의 꿈을 원형 콜라주로 표현해보자.

- 눈을 감고 명상하면서 마음속에 떠오르는 자기의 꿈과 관련된 것을 잡지에서 찾아 원 안과 밖에 붙인다(원형 콜라주로 미래에 원하는 구체적인 꿈을 탐색함으로써 자기이해 및 동기와 의지를 강화할 수 있음). 컬러칩을 붙이고 색 기호, 계통 색명, 관용 색명을 기록한다.
- 원형 콜라주를 구체적으로 설명하고 통찰을 통해 느낌(감정, 감각, 기억)과 생각(의미)을 적고 자기를 탐색한다.
- 팀원들과의 피드백을 통해 서로의 느낌과 생각을 나눈다.
▷ 재료: 잡지, 색지, 가위, 풀

Activity 10-2
자신의 미래 직업을 상상하며 라이프스타일에 따른 패션 색채 계획을 세워보자.

- 자기 직업에 따른 라이프스타일 특성(패션생활, 주거생활, 레저 및 취미)를 적고 라이프스타일에 적합한 사진을 패션 잡지에서 찾아 이미지 맵을 만든다.
- 라이프스타일과 관련된 패션 컬러 테마를 정하여 테마에 맞는 컬러 이미지 맵을 만들고 메인 컬러(main color), 서브 컬러(sub color), 악센트 컬러(accent color)를 추출하여 컬러칩을 붙이고 색 기호, 계통 색명, 관용 색명을 기록한다.
- 이미지 맵을 구체적으로 설명하고 통찰을 통해 느낌(감정, 감각, 기억)과 생각(의미)을 적는다.
- 팀원들과의 피드백을 통해 서로의 느낌과 생각을 나눈다.
▷ 재료: 패션 잡지, 색지, 가위, 풀

Activity 10-3
패션 컬러 테마에 따른 셀프 컬러 코디네이션을 해보자.

- Activity 10-2의 패션 컬러 테마에 적합한 다양한 패션 아이템을 찾아 셀프 컬러 코디네이션을 하고 코디네이션에 사용된 아이템마다 디자이너와 브랜드 이름을 적는다. 컬러칩을 붙이고 색 기호, 계통 색명, 관용 색명을 기록한다.
- 셀프 컬러 코디네이션을 구체적으로 설명하고 통찰을 통해 느낌(감정, 감각, 기억)과 생각(의미)을 적는다.
- 팀원들과의 피드백을 통해 서로의 느낌과 생각을 나눈다.
▷ 재료: 패션 잡지, 색지, 가위, 풀

Activity 10-1 마음속에 떠오르는 자신의 꿈을 원형 콜라주로 표현해보자.

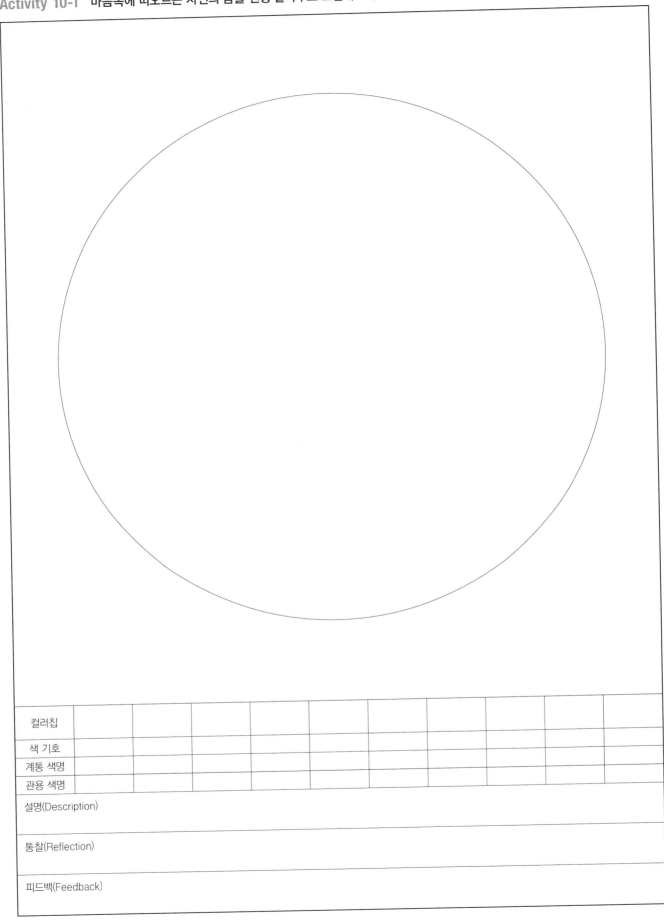

컬러칩											
색 기호											
계통 색명											
관용 색명											

설명(Description)

통찰(Reflection)

피드백(Feedback)

Activity 10-2 자신의 미래 직업을 상상하며 라이프스타일에 따른 패션 색채 계획을 세워보자.

라이프스타일 특성:

라이프스타일 이미지맵

컬러 테마:

컬러 이미지 맵

Main Color

Sub color

Accent Color

컬러칩									
색 기호									
계통 색명									
관용 색명									

설명(Description)

통찰(Reflection)

피드백(Feedback)

Activity 10-3 패션 컬러 테마에 따른 셀프 컬러 코디네이션을 해보자.

테마:

컬러칩										
색 기호										
계통 색명										
관용 색명										

설명(Description)

통찰(Reflection)

피드백(Feedback)

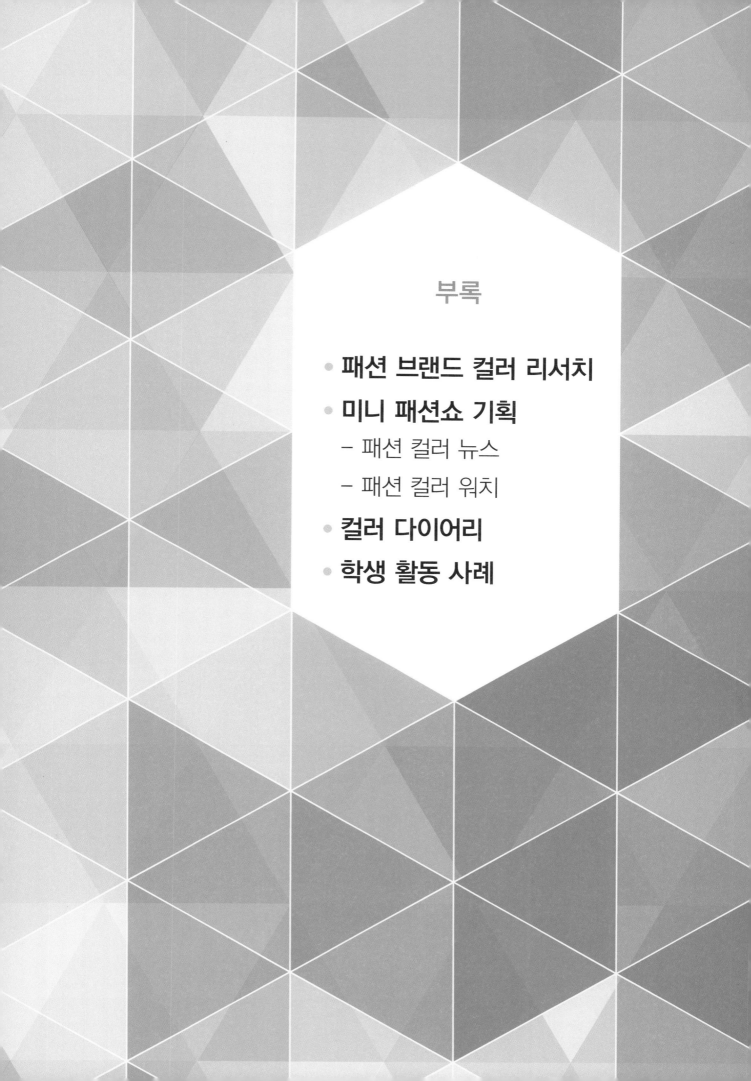

부록

- **패션 브랜드 컬러 리서치**
- **미니 패션쇼 기획**
  - 패션 컬러 뉴스
  - 패션 컬러 워치
- **컬러 다이어리**
- **학생 활동 사례**

패션 브랜드 컬러 리서치

국내 패션 마켓의 컬러 동향을 알아보기 위한 것으로, 이 작업은 3~4명이 팀을 이루어 진행한다. 팀마다 같은 브랜드 마켓에 해당하는 브랜드를 각자 정한다. 브랜드가 정해지면 브랜드명, 로고, 브랜드 콘셉트를 정리한다. 브랜드의 스타일 사진을 수집하여 전반적인 시즌 컬러 트렌드를 조사하고 이를 시즌 컬러 차트(색상 & 톤 차트)로 구성한 후 설명하고 통찰한 내용을 적는다. 사진 자료를 분류할 때는 기준(컬러별, 아이템별 등)을 정해서 하며 스타일 맵을 4장(3장: 스타일 맵 1장: 결과 분석)의 PPT로 구성한다(예를 들어, 리조트웨어 패션 마켓이라 하면 팀에서 각자 다른 리조트웨어 브랜드를 정해서 개별적으로 컬러 조사한 내용을 PPT로 구성하면 된다).

- 발표 자료는 팀원들의 자료를 모으고 종합하여 만들며, 브랜드 간의 공통점과 차이점을 정리하여 구성한다.
- 워크북에는 각자의 컬러 리서치 결과와 팀의 종합 결과를 정리한다.

미니 패션쇼 기획

- 미니 패션쇼 기획은 그동안 습득한 색채 지식을 토대로 자신의 감성을 발표함으로써 창의적인 연출 능력을 기르는 것을 목표로 한다.
- 5~6명이 팀을 이루어 미니 패션쇼를 위한 브랜드 테마와 콘셉트를 정한다.
- 브랜드 컬러 이미지 맵을 하고 컬러와 톤을 제시한다.
- 팀마다 하나의 심리기제와 연출 방법을 정하여 각각 셀프 컬러 코디네이션을 한다. 사진을 찍어 맵을 만들고 사용된 색은 컬러 칩으로 만들어 붙이며, 설명하고 통찰한 후 피드백을 나누어본다.
- 팀원들이 만든 셀프 컬러 코디네이션의 사진을 찍어 붙인다.

패션 컬러 뉴스

매주 1회씩 인터넷 사이트, 패션 잡지에 등장하는 새로운 패션 컬러 뉴스를 조사함으로써 최근의 패션 컬러 동향을 이해한다.

패션 컬러 워치

매주 1회씩 백화점, 패션 스트리트, 패션쇼, 전시회 등을 방문하여 자기가 관심을 갖는 컬러 영역을 알아내고 패션 컬러 감성과 관찰력을 키우는 데 도움을 받는다.

컬러 다이어리

매일 그날의 기분이나 감정을 색 그림으로 표현하고 감정 어휘를 적어봄으로써, 색으로 표현된 색 감정을 통해 자기를 알아가는 데 도움을 받는다.

학생 활동 사례

이 책에 있는 다양한 내용을 미리 경험한 학생들의 활동지를 살펴본다.

패션 브랜드 컬러 리서치

브랜드명 & 로고	브랜드 콘셉트(타깃 이미지 등)

시즌 컬러 차트

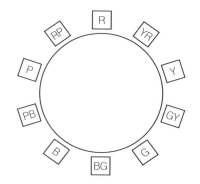 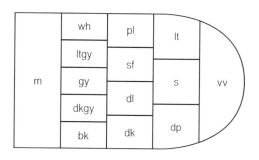

HUE	TON	Red	Yellow-Red	Yellow	Green-Yello	Green	Blue-Green	Blue	Purple-Blue	Purple	Red-Purple	Neutral
TINT	whitish											10
	pale											
	bright											9
PURE	strong											8
	vivid											7
MODE-RATE	soft											6
	dull											
	light grayish											5
	grayish											4
SHADE	deep											3
	dark											2
	dark grayish											
	balckish											1

통찰(Reflection)
피드백(Feedback)

브랜드 스타일 맵

스타일 1

스타일 2

스타일 3

결과 분석

미니 패션쇼 기획

미니 패션쇼 콘셉트

테마(Theme):

테마 컬러 이미지 맵

컬러 차트

		wh	pl	lt	
m		ltgy	sf		vv
		gy	dl	s	
		dkgy			
		bk	dk	dp	

RP R YR P Y PB GY B G BG

미니 패션쇼를 위한 셀프 컬러 코디네이션(개인)

사진

컬러

심리기제:

연출방법:

설명(Description)

통찰(Reflection)

피드백(Feedback)

미니 패션쇼를 위한 셀프 컬러 코디네이션(개인)

미니 패션쇼를 위한 셀프 컬러 코디네이션(팀)

팀 사진

설명(Description)

통찰(Reflection)

피드백(Feedback)

패션 컬러 뉴스

패션 컬러 뉴스

패션 컬러 뉴스

패션 컬러 뉴스

패션 컬러 뉴스

패션 컬러 뉴스

패션 컬러 뉴스

패션 컬러 뉴스

패션 컬러 뉴스

패션 컬러 워치

패션 컬러 워치

패션 컬러 워치

패션 컬러 워치

패션 컬러 워치

패션 컬러 워치

패션 컬러 워치

패션 컬러 워치

패션 컬러 워치

패션 컬러 워치

컬러 다이어리

각 날짜에 기분이나 감정에 대한 색 그림을 그리고 감정 어휘를 적어봅시다.

월

Sun	Mon	Tue	Wed	Thu	Fri	Sat

월

Sun	Mon	Tue	Wed	Thu	Fri	Sat

Sun	Mon	Tue	Wed	Thu	Fri	Sat

Sun	Mon	Tue	Wed	Thu	Fri	Sat

학생 활동 사례

Activity 1-1

Activity 1-1. 마음속에 떠오르는 3가지 색으로 자기를 표현해 보자.

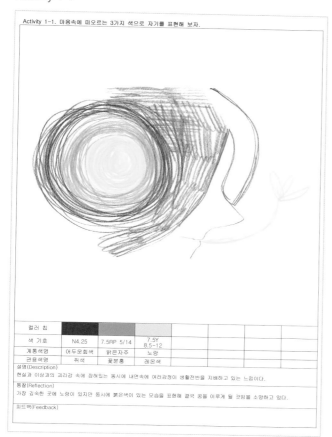

컬러 칩			
색 기호	N4.25	7.5RP 5/14	7.5Y 8.5~12
계통색명	어두운회색	밝은자주	노랑
관용색명	쥐색	꽃분홍	레몬색

설명(Description)
현실과 이상과의 괴리감 속에 잡혀있는 동시에 내면속에 여러감정이 생활전반을 지배하고 있는 느낌이다.

통찰(Reflection)
가장 깊숙한 곳에 노랑이 있지만 동시에 붉은색이 있는 모습을 표현해 결국 꿈을 이루게 될 것임을 소망하고 있다.

피드백(Feedback)

Activity 1-3

Activity 1-3. 3가지 색으로 셀프 컬러 코디네이션을 해보자.

컬러 칩			
색 기호	5R 5/12	N 9.5	N0.5
계통색명	밝은 빨강	하양	검정
관용색명	연지색	흰색	검정

설명(Description)
너무 비비드한 컬러보다 내가 좋아하고 힐링할 수 있는 원크컬러로 자신감, 용기를 주고자 코디하였으며 신발역시 편한 단화, 운동화보다 구두,로퍼를 선택하여 힘을 주었다.

통찰(Reflection)
코디한대로 입는다면 비비드한 컬러가 힘을 주는 느낌이 들어 스스로에대한 자신감도 올라가는 느낌을 받을 것 같다.

피드백(Feedback)

Activity 2-1

Activity 2-1. 마음속에 떠오르는 감정을 색으로 표현해 보자.

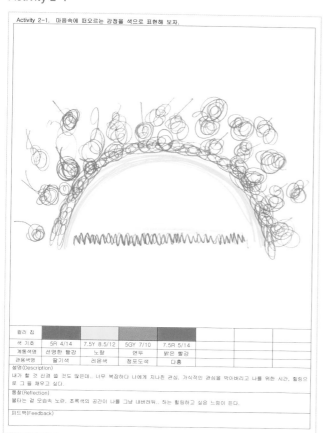

컬러 칩				
색 기호	5R 4/14	7.5Y 8.5/12	5GY 7/10	7.5R 5/14
계통색명	선명한 빨강	노랑	연두	밝은 빨강
관용색명	딸기색	레몬색	청포도색	다홍

설명(Description)
내가 할 것 신경 쓸 것도 많은데.. 너무 복잡하다 나에게 지나친 관심, 가식적인 관심을 막아버리고 나를 위한 시간, 힐링으로 그 길을 채우고 싶다.

통찰(Reflection)
불타는 갈 모습속 노랑, 초록색의 공간이 나를 그냥 내버려둬.. 하는 활림하고 싶은 느낌이 든다.

피드백(Feedback)

Activity 2-3

Activity 2-3. 감정 색으로 셀프 컬러 코디네이션을 해보자.

컬러 칩							
색 기호	N9.5	10B 4/8	2.5PB 2/6	7.5PB 2/6	5PB 3/10	N4.25	N0.5
계통색명	하양	파랑	진한 파랑	남색	파랑	어두운 회색	검정
관용색명	하양	바다색	프러시안 블루	남색	코발트블루	쥐색	검정

설명(Description)
기분이 많이 우울하기도하고 숨고자 하는 마음이 들어 얼굴을 가리는 스타일링을 하였고 어두운 무채색계열을 사용하였다. 하지만 그 우울감에서 벗어나고자 하는 마음도 있기에 활림이 있는 가죽부츠를 매치해 주었다.

통찰(Reflection)
전반적인 스타일링 컬러가 어두워 보이고 우울함이 느껴진다.

피드백(Feedback)

Activity 3-1

Activity 3-1. 마음에 떠오르는 컬러 톤으로 화가의 그림을 표현해보자.

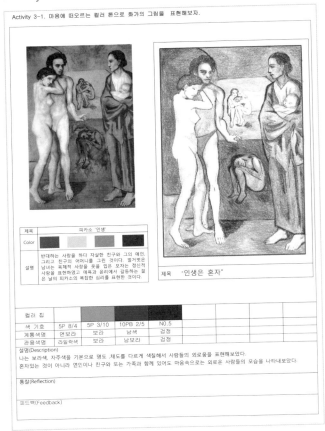

제목	피카소 '인생'			
Color				
설명	반대하는 사랑을 하다 자살해서 친구와 그의 애인, 그리고 친구의 어머니를 그린 것이다. 벌거벗은 남녀는 육체적 사랑을 옷을 입은 모자는 정신적 사랑을 표현했고 애욕과 윤리에서 갈등하는 젊은 날의 피카소의 복잡한 심리를 표현한 것이다.			

제목 "인생은 혼자"

컬러 칩						
색 기호	5P 8/4	5P 3/10	10PB 2/5	N0.5		
계통색명	연보라	보라	남색	검정		
관용색명	라일락색	보라	남보라	검정		

설명(Description)
나는 보라색, 자주색을 기본으로 명도 ,채도를 다르게 색칠해서 사람들의 외로움을 표현해보았다.
혼자있는 것이 아니라 연인이나 친구와 또는 가족과 함께 있어도 마음속으로는 외로운 사람들의 모습을 나타내보았다.

통찰(Reflection)

피드백(Feedback)

Activity 3-3

Activity 3-3. 톤 이미지 맵과 셀프 컬러 코디네이션을 해보자.

톤 이미지 맵 | 셀프 컬러 코디네이션

컬러 칩						
색 기호	10B 8/4	2.5Y 7/2	2.5Y 5/4	2.5 4/4	N 0.5	
계통색명	흐린파랑	회황색	탁한 황갈색	탁한 갈색	검정	
관용색명	파우더블루	모래색	카키색	청동색	검정	

설명(Description)
가을이미지의 베이지색을 위주의 그레이시 톤으로 코디를 해보았다. 라이트 그레이시 톤의 블루 컬러를 사용하여 유사한 톤으로 어울리면서도 변화를 주었다.

통찰(Reflection)
댄디함과 고급스러움을 함께 표현하여 사람들에게 신뢰를 줄 수 있는 나 자신이 되게 코디

피드백(Feedback)

Activity 4-1

Activity 4-1. 마음속에 떠오르는 심리기제를 나타내는 패션사진을 찾아보자.

컬러 칩						
색 기호	N0.5	5PB 2/8	N9.5	7.5R4/14		
계통색명	검정	남색	하양	빨강		
관용색명	검정	남청	흰색	빨강		

설명(Description)
저채도, 저명도, 차갑고 딱딱한 무거운 색을 연출

통찰(Reflection)
자신의 감정을 억압하려는 무의식의 차갑고 무거운 색

피드백(Feedback)

Activity 4-3

Activity 4-3. 자기의 심리기제를 나타내는 셀프 컬러 코디네이션을 해보자.

컬러 칩						
색 기호	2.5G 4/10	7.5R 3/12	5Y 8.5/14	7.5R 5/14		
계통색명	초록	진빨강	노랑	밝은 빨강		
관용색명	초록	사과색	개나리색	다홍		

설명(Description)
조합이 안 맞는 듯 여러색을 사용하여 아이의 천진난만함을 표현했다.

통찰(Reflection)

피드백(Feedback)

Activity 5-2

컬러 칩						
색 기호	N9.5	5Y 9/1	10RP 7/8	7.5R 3/12	2.5Y 4/4	N2	N0.5
계통색명	하양	노란 하양	분홍	진한 빨강	탁한 갈색	검정	검정
관용색명	하양	우유색	분홍	사과색	청동색	목탄색	검정

설명(Description)
화이트 계열의 심플한 컬러와 디자인을 많이 사용한다. 가구, 의류, 액세서리 역시 유행타지않고 많이 활용할 수 있는 디자인과 컬러를 찾는 편이다.

통찰(Reflection)
깔끔하고 무난한 디자인과 색상을 좋아하고 있다는 것을 알게되었다.

피드백(Feedback)

Activity 5-3

컬러 칩							
색 기호	5Y 8.5/14	7.5Y 8.5/14	10YR 6/10	2.5YR 6/14	10R 5/16	7.5R 5/16	7.5PB 2/6	N0.5
계통색명	노랑	노랑	밝은 황갈색	주황	선명한 빨강 주황	밝은 빨강	남색	검정
관용색명	개나리색	레몬색	황토색	주황	주색	선홍	남색	검정

설명(Description)
레드, 옐로우, 오렌지 컬러를 좋아해서 코디를 해보았는데 밝고 선명한 컬러들이라 따뜻하면서도 힘을 돋우어주는 스타일링이다.

통찰(Reflection)
특히 옐로우 오렌지 계열은 밝고 활발한 느낌을 주는 것 같다.

피드백(Feedback)

Activity 6-1

컬러 칩					배색 컬러 칩							
색 기호	7.5B 6/10	5G 5/8	10YB 7/14	5R 5/14	색 기호	7.5B 6/10	5G 5/8	N5	5PB 2/8	5R 5/14	5GY 7/10	10YB 7/14	10Y 6/10
계통색명	밝은 파랑	밝은 초록	노랑 주황	선명한 빨강	계통색명	밝은 파랑	밝은 초록	회색	남색	선명한 빨강	연두	노랑 주황	진한 노랑 연두
관용색명	시안	에메랄드그린	호박색	딸기색	관용색명	시안	에메랄드그린	회색	남색	딸기색	청포도색	호박색

설명(Description)
황금색이 배경색이어 '풍부함'을 나타내고, 연한 파랑색은 조건없는 어머니의 사랑, 초록색이 지배적으로 많은값은 부모의 소유적인 과잉보호를 의미한다.

통찰(Reflection)
동색대비와 유사색대비가 일어나는 것을 보아 초록색과 파랑색의 부정적의미인 지배적이고 주도적인 모성애를 느낄수 있다. 또 단색인 파랑색과 무채색인 회색의 조합은 대인관계에 불만족하고 있으며 생각은 많은데 표현을 잘 하지 않음을 알 수 있다.

피드백(Feedback)

Activity 6-2

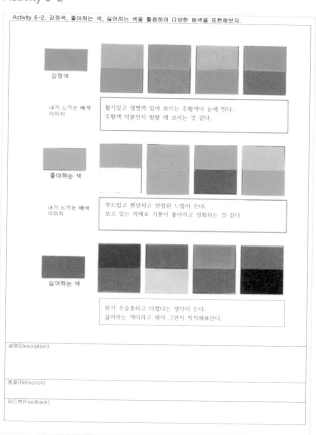

감정색

내가 느끼는 배색 이미지
활기있고 생명력 있어 보이는 주황색이 눈에 띈다.
주황색 덕분인지 발랄 해 보이는 것 같다.

좋아하는 색

내가 느끼는 배색 이미지
부드럽고 편안하고 안정된 느낌이 든다.
보고 있는 자체로 기분이 좋아지고 정화되는 것 같다.

싫어하는 색

뭔가 우중충하고 더럽다는 생각이 든다.
싫어하는 색이라고 해서 그런지 직직해보인다.

설명(Description)

통찰(Reflection)

피드백(Feedback)

Activity 6-3

배색 악센트 배색

Activity 6-3. 색채 배색으로 셀프 컬러 코디네이션을 해보자.

컬러칩						
색 기호	7.5YR 8/4	2.5YTR 5/14	2.5YR 4/8	2.5YR 2/4	7.5PB 7/5	10B 8/5
계통색명	흐린노랑주황	진한 주황	갈색	어두운갈색	연보라	연파랑
관용색명	계란색	감색	구리색	고동색	라벤더색	파스텔블루

설명(Description)
브라운으로 통일감을 주고 Very pale 톤의 블루로 악센트를 주었다. 톤도 아예 반대이며, 색상도 서로 반대되어 면적이 적은 블루가 눈에 띈다.

통찰(Reflection)
개인적으로 악센트배색을 활용해 옷을 갖춰입는 때가 많다. 그냥 컬러에 대한 생각없이 막 주워입기보다는 체계적으로 배색을 해서 입으면 그날은 자신감이 더 넘치고, 당당해지고, 덩달아 기분도 좋아진다. 악센트 배색이 어울리는지는 잘 모르겠지만, 개인적으로 좋아하고 자주 이렇게 입는 것 같다.

피드백(Feedback)

Activity 7-1

Activity 7-1. 가족 또는 주위사람들을 색으로 표현하고 컬러 포지셔닝을 해보자.

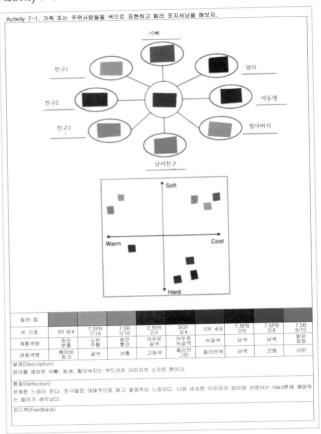

컬러 칩									
색 기호	5R 8/4	7.5YR 7/14	7.5R 5/16	2.5YR 2/4	5GY 3/4	10Y 4/6	7.5PB 2/6	7.5PB 2/8	7.5B 6/10
계통색명	흐린분홍	노랑주황	밝은빨강	어두운갈색	어두운녹황색	녹갈색	남색	남색	밝은파랑
관용색명	베이비핑크	귤색	선홍	고동색	올리브그린	올리브색	남색	군청	시안

설명(Description)
엄마를 제외한 아빠, 동생, 할아버지는 부드러운 이미지의 소프트 톤이다.

통찰(Reflection)
온화한 느낌이 든다. 친구들은 대체적으로 밝고 열정적인 느낌이다. 나와 비슷한 이미지의 엄마와 선영이는 Hard톤에 해당하는 컬러라 생각났다.

피드백(Feedback)

Activity 7-2

Activity 7-2. 기억 속에 떠오르는 '권위적인' 사람을 표현해보자.

컬러 칩				
색 기호	7.5R 3/10	10R 3/6	N1.25	N0.5
계통색명	진한 빨강	탁한 적갈색	검정	검정
관용색명	석류색	벽돌색	먹색	검정

설명(Description)
고등학교시절 교감선생님을 연상하면서 표현해보았다. 나는 약간 나와는 다른 남성적이면과 어른의 향기가 난다는 점에서 그분에게 권위를 느꼈던 거 같다.

통찰(Reflection)
내가 입을 수 없었던 정장, 필 수 없었던 담배, 가지고 다닐수 없었던 서류가방, 따라 앉아 봐도 그 기운이 안 나오는 자세. 모두 나에게는 권위적으로 느껴졌다.

피드백(Feedback)

Activity 7-3

Activity 7-3. 자기가 원하는 권위적인 이미지로 셀프 컬러 코디네이션을 해보자.

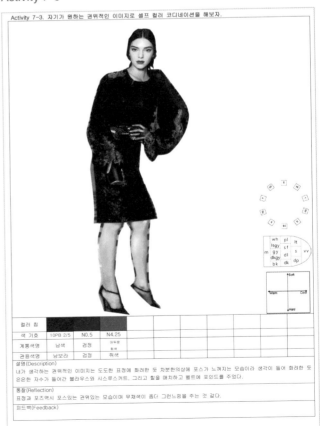

컬러 칩			
색 기호	10PB 2/5	N0.5	N4.25
계통색명	남색	검정	어두운회색
관용색명	남보라	검정	쥐색

설명(Description)
내가 생각하는 권위적인 이미지는 도도한 표정에 화려한 듯 차분한의상에 포스가 느껴지는 모습이라 생각이 들어 화려한 듯 은은한 자수가 들어간 블라우스와 시스루스커트, 그리고 힐을 매치하고 벨트로 포인트를 주었다.

통찰(Reflection)
표정과 포즈역시 포스있는 권위있는 모습이며 무채색이 좀더 그런느낌을 주는 것 같다.

피드백(Feedback)

Activity 8-1

Activity 8-1. 마음속에 떠오르는 자화상을 그려보자.

컬러 칩							
색 기호	N0.5	2.5YR 2/4	10R 5/16	10YR 6/10	7.5YR 6/6		
계통색명	검정	어두운 갈색	선명한 빨간 주황	밝은 황갈색	탁한 노란 주황		
관용색명	검정	고동색	주색	황토색	가죽색		

설명(Description)
전체적으로 여성스러운 느낌이 나도록 했다. 주황색을 사용해 긍정적인 느낌과 경쾌한 느낌이 나도록 표현했고, 톤 다운된 노란색과 연한 브라운색을 사용해 여성스러운 모습을 연출했다. 어두운 색 계열을 사용해 단정한 느낌이 나도록 했다.

통찰(Reflection)
이 그림에 대한 나의 느낌은 부드러우면서도 강인한 느낌이 들었다.

피드백(Feedback)

Activity 8-2

Activity 8-2. 자기의 퍼스널 컬러타입을 알아보고 타입에 따른 이미지 맵을 만들어보자.

퍼스널 컬러 타입

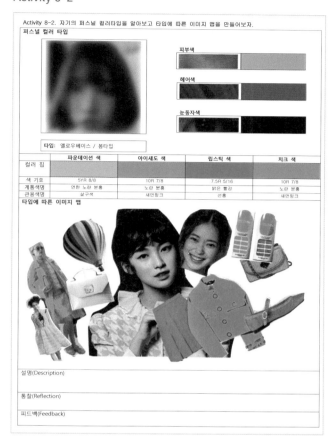

타입: 옐로우베이스 / 봄타입

컬러 칩	파운데이션 색	아이섀도 색	립스틱 색	치크 색
색 기호	5YR 8/8	10R 7/8	7.5R 5/16	10R 7/8
계통색명	연한 노란 분홍	노란 분홍	밝은 빨강	노란 분홍
관용색명	살구색	새먼핑크	선홍	새먼핑크

타입에 따른 이미지 맵

설명(Description)

통찰(Reflection)

피드백(Feedback)

Activity 8-3

Activity 8-3. 자기의 퍼스널 컬러 타입에 따른 셀프 컬러 코디네이션을 해보자.

컬러 칩							
색 기호	5G 5/8	5RP 5/14	5R 5/12	5Y 8/12			
계통색명	밝은 초록	밝은 자주	밝은 빨강	노랑			
관용색명	에메랄드그린	마젠타	연지색	바나나색			

설명(Description)
나의 personal color type은 블루베이스의 비비드타입으로 핑크색, 노랑색, 초록색, 보라색 등의 원색력이고 보색대비를 이루는 컬러들을 사용하여 내 컬러타입에 어울리는 코디네이션을 해보았다.

통찰(Reflection)
확실히 조금 핑크빛이 도는 내 피부색과 잘 어울릴 것 같고 튀는 포인트가 되어 신선한 느낌을 줄 것 같다.

피드백(Feedback)

Activity 9-1

Activity 9-1. 그림 자극물 A와 B 중에서 한 가지를 선택하고, 그 중에서 두 가지 요소를 사용하여 이야기를 상상하고 그려보자.

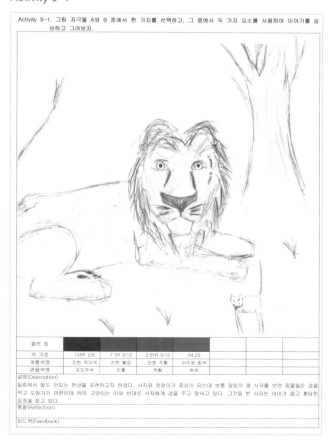

컬러 칩							
색 기호	10RP 2/8	7.5R 3/12	2.5YR 5/12	N4.25			
계통색명	진한 적자색	진한 빨강	진한 주황	어두운 회색			
관용색명	포도주색	진홍	적황	쥐색			

설명(Description)
일림에서 말도 안되는 현상을 표현하고자 하였다. 사자와 호랑이가 중심이 되는데 보통 일림의 왕 사자를 보면 동물들은 겁을 먹고 도망가기 마련인데 뒤의 고양이는 이와 반대로 사자에게 겁을 주고 맞서고 있다. 그것을 본 사자는 어이가 없고 황당한 표정을 짓고 있다.

통찰(Reflection)

피드백(Feedback)

Activity 9-2

Activity 9-2. 컬러 트렌드 테마에 따른 이미지 맵을 만들어 보자.

컬러 칩							
색 기호	7.5GY 4/6	5GY 4/4	5GY 7/10	7.5Y 4/6	10YR 5/6	10R 3/10	5Y 9/4
계통색명	탁한 초록	탁한 녹갈색	연두	탁한 황갈색	빨간 갈색	흐린 노랑	
관용색명	대나무색	쑥색	청포도색	잔디색	호두색	적갈	크림색

설명(Description)
나는 Color Trend Theme에서 RESPECT를 선택해서 이미지맵을 해보았다. RESPECT안에서도 botanical specimen으로 맵을 하였다. 식물 자체의 색인 그린과 브라운 중심이다.

통찰(Reflection)
이런 자연을 보고 있으면 마음이 편안해지고 이상한 잡생각들이 없어지는 것 같다.

피드백(Feedback)

Activity 9-3

Activity 9-3. 컬러 트렌드 테마에 따른 셀프 컬러 코디네이션을 해보자.

테마:

컬러 칩							
색 기호	10B 8/5	5PB 4/10	2.5GY 3/4	N1.25	2.5Y 8/14	7.5R 5/14	5R 3/10
계통색명	연파랑	파랑	어두운 녹갈색	검정	진노랑	밝은빨강	진빨강
관용색명	파스텔블루	파랑	국방색	먹색	해바라기색	다홍	장미색

설명(Description)
구찌의 자수 무늬 니트와 요즘 핫 템인 플리츠스커트에 스텔레토힐을 매치해주었다. 가방컬러는 자수와 어울리는 레드 컬러의 유행타지 않는 디올 레이디백을 스타일링 해 주었다.

통찰(Reflection)
노랑색, 붉은색을 많이 사용하여 코디하였는데 봄날 친구들과 혹시 남자친구와 데이트를 하러 나가고 싶은 느낌이 드는 코디 인 것 같다.

피드백(Feedback)

Activity 10-1

Activity 10-1. 마음속에 떠오르는 자기의 꿈을 원형 콜라주로 표현해보자.

컬러 칩						
색 기호	5R 2/8	2.5GY 3/4	5PB 6/2	10R 5/14	5YR 4/8	N0.5
계통색명	진빨강	어두운 녹갈색	회청색	주황	갈색	검정
관용색명	와인레드	국방색	비둘기색	주황	갈색	검정

설명(Description)
디자이너로써 열심히 일을하거나 뷰티관련 일을 하며 잡지책에 나올만한 능력을 갖게되는 꿈을 표현하였다.

통찰(Reflection)
원안에는 내가 그런일을 하고있는 모습을 , 밖에는 그렇게 함으로써 이루고자하는 목표를 붙여둔 것 같다.

피드백(Feedback)

Activity 10-3

Activity 10-3. 패션 컬러 테마에 따른 셀프 컬러 코디네이션을 해보자.

테마

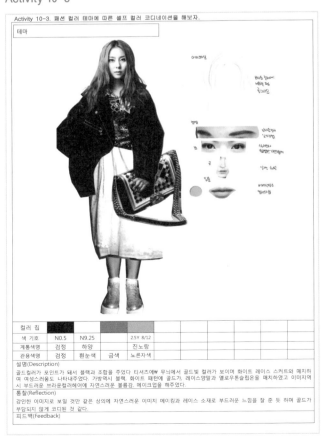

컬러 칩					
색 기호	N0.5	N9.25		2.5Y 8/12	
계통색명	검정	하양		진노랑	
관용색명	검정	흰눈색	금색	노른자색	

설명(Description)
골드컬러가 포인트가 돼서 블랙과 조합을 주었다 티셔츠에W 무늬에서 골드빛 컬러가 보이며 화이트 레이스 스커트와 매치하여 여성스러움도 나타내주었다. 가방역시 블랙, 화이트 패턴에 골드가, 레이스양말과 옐로우톤슬립온을 매치하였고 이미지역시 부드러운 브라운컬러헤어에 자연스러운 볼륨감, 메이크업을 해주었다.

통찰(Reflection)
강인한 이미지로 보일 것만 같은 상의에 자연스러운 이미지 메이킹과 레이스 소재로 부드러운 느낌을 잘 준 듯 하며 골드가 부담되지 않게 코디된 것 같다.

피드백(Feedback)

Color Diary

9 월

Sun	Mon	Tue	Wed	Thu	Fri	Sat
각 날짜에 그날의 기분이나 느낀 감정에 대해 색을 칠하거나 색으로 그림을 그려보고 감정 어휘를 작성해보세요		1	2	3	4	5
6	7	8 피곤요 지침	9 설렘	10	11	12
13 상쾌한 ~	14 피곤한, 지친	15 아픔, 힘든	16 기쁜, 신나는	17	18 여유로운, 한가한	19
20	21 신나는, 신나는	22 화나는, 흥미되는	23 고민되는, 혼란한	24	25 슬픈, 우울한 (ㅠ)	26
27	28 안정된	29	30 힘든, 지친			

Color Diary

10 월

Sun	Mon	Tue	Wed	Thu	Fri	Sat
각 날짜에 그날의 기분이나 느낀 감정에 대해 색을 칠하거나 색으로 그림을 그려보고 감정 어휘를 작성해보세요				1 당당함, 여유로운	2 상쾌함, 개운함	3 기쁜, 행복한
4 궁금한, 호기심	5 기대되는	6 맛있는, 행복한	7 오묘한, 즐거운	8 맛있는	9 아름다운	10 즐거움, 따뜻한
11 따뜻함, 고마운	12 재미있는, 지친	13 기대되는	14 피곤함, 졸림	15 신남, 맛있는	16 즐거운, 재밌는	17 복려함, 축하하는
18 BLUE 맘이 착여지는	19 마카롱박 만드는날!!! 벅튼한, 보람찬	20 설렘스러운, 바쁜	21 진이 빠지는	22 신이 나는	23 활기찬	24 어지러운
25 맘이 따뜻한	26 지친	27 HELP 괴로운	28 두려움 + 행복함	29 즐거운	30 편안한	31 BACK TO THE FUTURE 재밌는

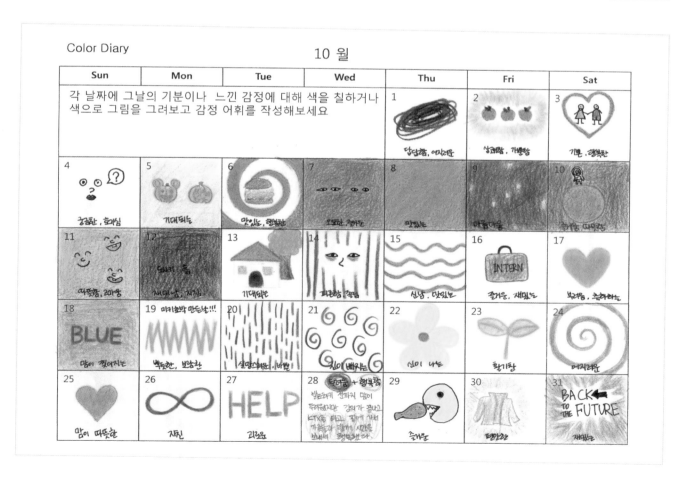

프롤로그(prologue)

에필로그(epilogue)

참 고 자 료

국내도서

김문영, 김봉섭, 한희정(2011). 색채 기획을 위한 색이야기. 교학연구사.

김미경(2010). 색채치료. 學林.

김선현(2009). 미술치료의 실제. 미진사.

김선현(2009). 컬러가 내 몸을 바꾼다. 넥서스BOOKS.

김선현(2013). 색채심리학. 예담.

김영옥(2013). 만다라 미술치료 워크북. 도서출판 비움과 소통.

김용숙(2012). 컬러심리커뮤니케이션. 일진사.

루시아 카파치오네 저, 오연주 역(2008). 감정치유. 프로젝트 409.

문은배(2010). 색채디자인 교과서. 안그라픽스.

수잔 핀처 저, 김진숙 역(2010). 만다라를 통한 미술치료. 학지사.

스에나가 타마오 저, 박필임 역(2001). 색채심리. 예경.

엘케 뮐러 메에스 저, 이영희 역(2003). 컬러 파워: 감각을 자극하고 건강한 삶을 이끌어주는. 대교베텔스만.

오경화, 김정은, 구미지, 성연순, 김세나(2011). 패션 이미지업. 교문사.

윤혜림(2008). 색채지각론과 체계론. 도서출판 국제.

윤혜림(2008). 패션심리 마케팅과 배색이론. 도서출판 국제.

이경희, 김윤경, 김애경(2006). 패션과 이미지 메이킹. 교문사.

이경희, 이은령(2008). 패션디자인 플러스 발상. 교문사.

이윤경(2015). 예뻐지는 퍼스널 컬러 스타일링. 책밥.

이호정, 김문영(2008). 패션산업과 정보. 교학연구사.

정동림, 권형선(2015). 색채표현과 패션. 교학연구사.

정여주(2015). 어린왕자 미술치료. 학지사.

정은주, 김정훈(2015). 색채심리. 학지사.

주리애(2015). 미술심리진단. 학지사.

KBS 한국색채연구소(1996). 색채 I. KBS 문화사업단.

KBS 한국색채연구소(1996). 색채 II. KBS 문화사업단.

하워드 선, 도로시 선 저, 나선숙 역(2013). 내 삶에 색을 입히자. 예경.

한국색채학회(2012). 컬러마케팅. 지구문화사.

한귀자, 한정아(2013). 색채학 15강. 정문각.

한연희, 김인경, 김지혜(2015). 패션디자인 패션 머천다이징. 경춘사.

황정선(2014). 옷을 벗고 색을 입자. 황금부엉이.

홈페이지

셔터스톡 www.shutterstock.com

패션넷코리아 www.fashionnetkorea.com